农民教育培训·人才振兴

新型职业农民手册

董建强　金　海　曾令智 ◎ 主编

中国农业科学技术出版社

图书在版编目（CIP）数据

新型职业农民手册／董建强，金海，曾令智主编．—北京：中国农业科学技术出版社，2019.9（2021.7 重印）

ISBN 978-7-5116-4389-6

Ⅰ.①新…　Ⅱ.①董…②金…③曾…　Ⅲ.①农民教育-职业教育-中国-手册　Ⅳ.①G725-62

中国版本图书馆 CIP 数据核字（2019）第 203382 号

责任编辑	崔改泵　李　华
责任校对	贾海霞

出 版 者	中国农业科学技术出版社
	北京市中关村南大街 12 号　邮编：100081
电　话	（010）82109708（编辑室）　（010）82109702（发行部）
	（010）82109709（读者服务部）
传　真	（010）82106650
网　址	http://www.castp.cn
经 销 者	各地新华书店
印 刷 者	北京中科印刷有限公司
开　本	880mm×1 230mm　1/32
印　张	5
字　数	138 千字
版　次	2019 年 9 月第 1 版　2021 年 7 月第 3 次印刷
定　价	30.00 元

《新型职业农民手册》
编 委 会

前　言

乡村振兴，关键在人才。要培养更多爱农业、有知识、懂技术、会经营的新型职业农民是农业供给侧结构性改革的必然要求，也是形成农业农村改革综合效应的客观需要，这样才能实现农业增效、农民增收、农村增绿、供给侧结构性改革与农民收入齐头并进。

本书主要讲述了新型职业农民的相关概念和基本知识、强农惠农富农相关政策、领办创办新型农业经营主体、农业生产关键性实用知识、经营管理基本常识、健康生活等方面的内容。

由于编者水平所限，加之时间仓促，书中不尽如人意之处在所难免，恳切希望广大读者和同行不吝指正。

编　者

2019 年 7 月

目　　录

第一章　新型职业农民的相关概念和基本知识

第一节　新型职业农民的含义

在土地、水等资源要素逐渐趋紧的状况下，提高土地产出率和劳动生产率是提升农业产业化水平的需要，是富裕农民的需要，也是满足民众衣食的需要，而这一切都要靠"人"去实现，而这个"人"就是新型职业农民，是现代农业建设的主体。

一、新型职业农民的内涵

新型职业农民是指以农业为职业，具有一定的专业技能，收入主要来自现代农业从业者。从地位和作用看，新型职业农民体现了农民从身份向职业转变、从兼业向专业转变、从传统农业生产方式向现代农业生产方式转变的新要求。从组织形态看，新型生产经营主体是种养大户、家庭农场、农民合作社等；从个体形态看，就是新型职业农民。新型职业农民作为新型生产经营主体，是构建新型农业经营体系的基础细胞，是发展现代农业的基本支撑，是中国特色农业现代化和全面小康社会的建设者。

二、新型职业农民的主要类型

新型职业农民可划分为生产经营型、专业技能型和社会服务型3类，各类职业农民在要求职业素养的同时，还需要具有各自的专业特色，见表1-1。

表1-1　新型职业农民的主要类型及特色

类型	特色
生产经营型	以农业为职业、占有一定的资源、具有一定的专业技能、有一定的资金投入能力、收入主要来自农业的现代农业生产经营者，主要是专业大户、家庭农场主、农民合作社带头人等

（续表）

类型	特色
专业技能型	在农民合作社、家庭农场、专业大户、农业企业等新型生产经营主体中较为稳定地从事农业劳动作业，并以此为主要收入来源，具有一定专业技能的农业劳动力，主要是农业工人、农业雇员等
社会服务型	在社会化服务组织中或个体直接从事农业产前、产中、产后服务，并以此为主要收入来源，具有相应服务能力的农业社会化服务人员，主要是农村信息员、农村经纪人、农机服务人员、统防统治植保员、村级动物防疫员等农业社会化服务人员

三、新型职业农民的地位和作用

（一）确保国家粮食安全和重要农产品有效供给

我国农产品需求呈刚性增长，确保十几亿中国人吃饱吃好，最根本的还得依靠农民，特别是要依靠高素质的新型职业农民。与传统小农户、兼业农户相比，职业农民有文化、懂技术、善经营、会管理，农业综合生产能力和效益更好。

（二）提高现代农业综合效力

随着资本、技术等现代生产要素不断进入农业领域，农业规模化、专业化、标准化、集约化水平不断提高，作为生产关键要素之一的农业劳动力素质也需要适应这种形势变化。但客观上看，目前农民素质不高，是导致我国农业生产中单位产出较低、农业竞争力不强的重要因素。因此，要实现传统农业向现代农业转变，关键是提高农民素质，培养职业农民。

（三）提升农业综合效益

随着现代农业的快速发展，农业功能的不断拓展、环节不断增多、岗位不断细化，农村居民分工分业也呈加快发展趋势。通过职业农民领办各类合作社、企业，将生产、加工、运输、储藏、销售等环节联成一体，多层次提高农产品附加值，才能获得生产、加工、流通等环节的收益，提高农业整体效益，增强农业发展的竞争力。

四、对新型职业农民的要求

新型职业农民作为家庭经营的基石、合作组织的骨干、社会化服务的中坚力量，是新型农业经营主体的重要组成。做一名职业农民，在能力素质上应达到一定的要求。

（一）具有稳定性

不务农不是职业农民。传统农民多进行兼业生产，不同职业间经常相互转化，稳定性较差。而职业农民以农业为固定职业，具有很强的稳定性，由此才能积累农业生产经验，提高农业生产水平，这也是对现代农业从业者的基本要求。

（二）具有专业性

职业农民必须接受过一定的农业教育培训，在生产和经营管理等方面获得一定的专业知识和技能，需要掌握高产优质、防灾减灾、绿色安全、设施装备等现代农业技术，以及农业政策、决策管理、农场经营、产品营销等现代农业经营管理知识，具备适应农业结构调整、选择优势特色产业的发展能力，适应市场变化按需生产的决策能力，适应农业科技进步对新品种、新技术和新装备的应用能力，适应农业规模经营对集约化、企业化、组织化的管理能力，面对各种风险的应对能力以及农产品品牌建设和市场开拓能力等。

（三）具有责任感

传统农民自给自足，责任范围只限于自己和家人。新型职业农民是确保国家粮食安全和农产品有效供给的关键，还应具有法制观念、诚信意识、农产品质量安全意识和生态环境保护责任等现代公民意识和职业道德，承担起提供安全可靠的农产品和保护自然环境等社会责任。

五、做建设现代农业的新型职业农民

一些农户通过专业化、规模化发展，逐步成为种植大户、养殖大户、加工大户、农机大户，甚至有了家庭农场；一些农

民利用自己的特长和优势，通过资金、技术、管理等要素投入，逐步发展成为合作经济组织负责人或者是农业企业家、农村经纪人；还有一部分农民，随着农业产业链延长、社会化服务业发展，逐步发展成为农机手、植保员、防疫员、水利员、园艺工等技能服务型人才。

第二节　新型职业农民能力素质与责任担当

一、要有眼光，有胸怀，有胆识

新型农业经营主体带头人不能只看眼前利益，要从大局出发，公司、农场或合作社是大家的，是老板的，你是为大家和老板创造财富的，这就需要职业经理人放眼全局。

职业"猪倌"经理人赵鸿璋说，只有创造价值，自己才有价值。新型农业经营主体带头人的胸怀必须心系公司、农场或合作社，尤其要先老板后自己。胸怀远大的人通常会注重职业道德，树立职业口碑，不要计较得失，相信该得到的自然会得到。

从事新型农业经营主体带头人，没有几年的风吹雨打是历练不出来的，资深新型农业经营主体带头人说，一年入门，二年入行，三年赚钱，四年入市（行业市场）。

新型农业经营主体带头人要有点"傻子精神"。傻子有4个特质，分别是胆、识、定、修。

"胆"是指一种敢为天下先、挑战主流常规的勇往直前的气魄。

"识"是指突破传统观念束缚，要有与众不同的眼光。

"定"是指抵抗诱惑，心无旁骛，坚忍不拔，锲而不舍的态度。

"修"是指对修身养性，苦练功夫的追求。

关于胆识，人们在讨论温州人成功的秘诀时说，温州人胆子大，温州能干的人有魄力。干事业不是开玩笑，没有胆识是做不成大事的。

胆识是一种智慧。魄力是一种能力。

二、让下属成强者

职业经理人自己能力强固然重要，带出一个能打硬仗的团队更重要。如何把下属的积极性调动起来，发挥整体的力量？办法是分类进行激励。

（1）对信心丧失但有能力的员工。一开始就要他担当重任！激励他找回自信。常用激励的语言鼓舞他，如"我相信你！""你真的能行！"

（2）对过分自信的员工。自信的员工一般运气好，经常受到领导的呵护，却鲜有锻炼的实际机会。对这种人可辅导性鼓励。在他失败时不要过分责怪，允许他小败，给他重新站起来的机会。常用激励的语言安抚他，如"没事的！下次会好的！"

（3）对信心不足的员工。这种人通常容易情绪化，"上司对我好，我就努力；上司对我不好，我就混日子。"这种人要用公平、公正、平常的心来对待。承认他的努力，让他得到认同感。常用激励的语言安抚他，如"你的心情我理解，我相信你知道如何做好！"

三、委以重任，不刁难下属，承认下属的努力

（1）不能对下属怀有戒备心理，人人都有自私的一面，怕下属超过自己是新型农业经营主体带头人常犯的错误。中国有句老话是"用人不疑，疑人不用"。曹操疑心大，失去了众望，这是他终难以得天下的原因之一。聪明的职业经理人是借别人的智慧为自己服务！

（2）面对下属的失败不能刁难或找茬，要就事论事，不要搞帮派，而让团队成员来轻视或攻击失败者，"借刀杀人"是职业经理人最忌讳的做法。

（3）员工的努力要承认，员工的业绩上不来，职业经理人要找员工私下聊聊，共同分析原因，以朋友或兄长的身份来交心，充分尊重员工，这样员工的积极性才会被激励出来。常用激励语言是"你的努力一定会有回报的，慢慢来，我相信你!"

四、善于听取意见

相信集体的力量。不怕问题多，就怕问题找不出来，更怕找不到解决问题的办法，所以要做到以下几点。

(1) 不要空谈远大目标和诱人的结果，要听听大家的真实想法和工作难处，搞农业不能完全靠命令，员工的底子都不厚，边学边干是常有的事。管理农业生产团队，应该像管理果园一样，只有允许"百花齐放"，才能"硕果满园"。

(2) 多调查研究，在调查的基础上设计生产管理要素和指标，实事求是地制订实施方案。

(3) 要激发员工的学习欲望，新型农业经营主体带头人要想方设法建立一个善于学习的、积极的、上进的团队!

(4) 会安排时间，开会交代工作要注意把握时间，不要拖拉，时间同样是现代农业的效益。

五、用实力证明自己的价值

新型农业经营主体带头人是企业主、农场主和合作社社长赋予你管理农业项目并创造利润的一个职位，不是特权，"不要拿鸡毛当令箭"。请注意，不要由于你职位的特殊性让员工当面怕你、背后议论你，这些表面平静的现象总有一天会激起"千层浪"! 为了避免这种现象，作为职业经理人该做的是：不要拿自己的博士、专家、能人"头衔"工作，你的业绩靠实力说话，有思路、有办法才能证明自己的价值。

六、新型农业经营主体带头人的工作准则

(一) 汇报工作说结果

不要告诉老板工作过程多艰辛，大家多不容易。好结果不邀功，坏结果不找借口。除非老板自己说总结一下经验，或追问原因。

（二）请示工作说方案

老板不喜欢做问答题，喜欢做选择题。请示工作要做好几套方案让老板选择，并表达自己的看法，以供老板决策。

（三）总结工作说流程

描述工作流程要有重点、有经验、有教训、有反思，对农业的阶段性总结，有条有理才算总结到位。

（四）布置工作说标准

布置工作要有考核，考核就要有标准。根据标准可以确立工作规范，划定工作边界，衡量完成程度。

（五）关心下属问过程

向下属了解情况，要认真听他们汇报的工作细节和反映的问题；关怀下属，要找到感动下属的焦点。

（六）交接工作讲品德

交接工作时能把经验教训留下，把完成的工作和未完成的工作逐一交接，不设障碍，继任者自然会感激你。

（七）交流工作说感受

交流工作多说自己的感受，哪些是学到的，哪些是悟到的，哪些是反思的，哪些是努力的。

七、新型农业经营主体带头人的个人能力

（一）思考力

新型农业经营主体带头人要勤于思考，要会思考。

有3件事不但要经常想，还要想明白。一是思考老板想要什么样的结果，老板的目标与现实有多远；二是思考产品的优势和劣势在哪里？优势怎样放大，劣势如何避免；三是思考客户想要什么，想办法让客户接受"价廉永远不会物美"的现实，想办法让"羊毛出在猪身上""让兔子买单"。

思考的最大好处就是事前准备充足。

（二）组织策划能力

教练的职责是训练、组织和调度球员比赛，而不是自己下场参赛。职业经理人每天要做的事是组织人力、物力和财力去完成某项任务，而怎么组织才有效，需要精心策划。紧接着就是指挥别人具体执行，自己不需要去做具体的事务性工作。记住，职业经理人是教练而不是球员。

（三）沟通协调能力

新型农业经营主体带头人经常要与四类人沟通：一是与客户和外部关系的沟通，二是和老板或股东的沟通，三是和同僚的沟通，四是和下属的沟通。

注意，沟通必须有成效！不能留死角。

事情的方方面面很多时候会不断出现矛盾冲突，这不是因为你能力不济，吩咐不到，而是缺乏沟通。任何工作只要沟通到位，没有什么解决不了的问题。善于沟通、有效沟通，可以事先化解矛盾，有利于调动千军万马。

（四）洞察力和判断分析能力

要有敏锐的洞察力，不放过任何问题。大事是怎样发生的？请留意，薄弱环节和容易被人忽视的地方最有可能出大事。

新型农业经营主体带头人要能准确判断农业生产或经营中的漏洞和弱点，碰到任何问题能第一时间发现，能合理分析，能提出改善方案。

（五）执行力

新型农业经营主体带头人要贯彻既定策略、方针，要向下属做解释工作并负责组织、安排、指导、检查、考核，如果工作不能落实下去，一切都是空谈；落实了不能最终实现，一切都是白做。

执行力是从上到下层层落实的衡量尺度，必须不折不扣。

（六）驾驭人的能力

社会分工越来越细，一个人再厉害也不可能独立完成所有工作。如果事事都身体力行，那你不适合做新型农业经营主体带头人。分工协作就必须要选拔人、使用人，用人不当往往会事倍功半。诸葛亮错用马谡，导致街亭失守；赵王误用赵括，赵括纸上谈兵，导致长平之战大败。农业生产选错技术员，必然导致劣质产品。

（七）善于处理危机或突发性事件的能力

这种能力是体现你与众不同的地方。大部分工作，你能完成别人也能完成，你有什么突出的呢？只有在碰到突发事件、危机事件时，你能综合运用各种能力，依靠丰富的专业工作经验、敏锐的洞察力，判断分析能力，创造性的思维、良好的心理素质、成熟的公关能力等，运筹帷幄，从容应对，化解危机，方显英雄本色。

（八）亲和力、凝聚力

如果你只是靠你的位置，凭借手中的权力强制下属执行命令，完成工作，下属会视你如恶人，你可以取得暂时的成功，但你不会获得长久的支持，因为这不是你的能力，而是你所处的位置、所掌握的权力的功劳。一个好的领导者应有亲和力、凝聚力，吸引别人愿意和你一起奋斗，不需要去强制别人。史玉柱因事业失败在离开巨人集团前，有几个月员工工资都发不出来，但他的核心团队没有一个人离开，而是陪着他一起重新开创事业，东山再起。

（九）时间管理能力

新型农业经营主体带头人每天忙得焦头烂额、乱作一团不是一件好事，一则说明他的组织计划工作不足，二则没有把下属发动起来，三则乱忙、白忙、效率低下，四则对自己和团队不负责任。诸葛亮事无巨细，亲力亲为，面面俱到，结果累死了。老黄牛式的吃苦耐劳、兢兢业业的人我们需要，但是他们只适合做一项具体的工作，但不适于做一个带领团队负责全面工作的经理人。

新型农业经营主体带头人每天要面对各方面的问题，如果不能合理安排自己的工作，有效管理自己的时间，他恐怕连吃饭睡觉的时间都没有，事没做好自己先垮了。具备时间管理能力可以把经理人从琐碎的工作中解放出来，去抓重要的工作，把其余工作交给相应的岗位去处理。经理人只要抓住牵一发而动全身的关键，这样才能举重若轻，处理好所有工作，这叫"轻功"。

（十）妥善处理生活与事业的能力

为了事业牺牲家庭和爱情，不是最好的状态。在某一阶段顾大家舍小家是可以的，在特定时期当个工作狂是必需的，但这不应该影响完美的生活。如果安排得当，基本可以避免生活和事业的矛盾。古人讲"修身养性齐家治国平天下"，"齐家"是排在"治国"（做事业）之前的，如果一个人（爱情）连一个小家（家庭亲属关系）的事情都不能"齐"，又怎么能处理好成百上千人这个大"家"的事情呢？一屋尚不能扫，何以扫天下？

（十一）果敢的决策力

工作推进中遇到问题怎么解决？不同的问题有不同的解决办法，这需要职业经理人决断。冷处理还是热处理要因事因人而定，速办还是缓办要讲效果，也要讲效率。

无论采取何种策略，都要果敢决策，不可优柔寡断。

第三节　新型职业农民的培育

培育新型职业农民是城乡一体化和现代农业发展的重大制度变革，是一项涉及政策、体制机制和发展环境等多因素，牵动多部门、多行业的复杂的系统工程，将伴随着我国城镇化和农业现代化发展的全过程，要作为农村改革、现代农业发展的基础性工程、创新性工作，大抓特抓，坚持不懈。在推进思路上，要以家庭经营为基础，以切实保障农民利益为根本宗旨，以产业为导向，以城乡一体化发展为统领，以制度建设和素质提升为重点，不断强化政府责任，建立市场机制，营造培育环境。在推进策略上，要统筹兼顾，突出重点，试点先行，循序渐进地推进新型职业农民培育制度的构建。

一、大力推进新型城镇化进程

将农村劳动力有效地转移到城市是构建新型职业农民培育制度的基本前提。城乡一体化发展，一方面要将耕地流转给种养能手，适度扩大规模，提高农业效益，同时还要把解放出来的劳动力的出路问题解决好。推进新型城镇化，当务之急是彻底改变土地城镇化的"见物不见人"的模式，通过征地和户籍制度改革、城镇基础设施建设和保障房建设、社会保障和投融资管理机制完善等措施，切实解决转移农民的就业、住房、社会保障和子女教育等问题，将土地的城镇化与人的城镇化合二为一，使2亿多农民工尽快真正融入城市和城镇，成为真正意义上的市民，将农村留守妇女、老人和儿童逐步向城镇转移，为土地流转、规模经营和新型职业农民成长创造条件。

二、切实加强农民教育培训

培养教育是构建新型职业农民培育制度的核心和基础。新型职业农民的鲜明特征是高素质，培育新型职业农民必须教育先行，必须使培训常态化。在培养对象和目标上，要以"生产经营型"新型职业农民为重点，针对在岗务农农民、获证农民、农业后继者进行分类、分层、分产业开展。对在岗务农农民，要通过实行免费农科中等职业教育和农业系统培训，把具有一定文化基础和生产经营规模的骨干农民，加快培养成为具有新型职业农民能力素质要求的现代农业生产经营者；对获得新型职业农民证书（新型绿色证书）的农民，要开展持续的经常性跟踪辅导培训；对农业后继者，要通过支持中高等农业职业院校定向培养农村有志青年，吸引农业院校特别是中高等农业职业院校毕业生回乡务农创业，为农村应届初高中毕业生、青壮年农民工和退役军人回乡务农创业提供免费全程培训等措施，培养爱农、懂农、务农的农业后继者。在培养方式上，要尊重农民的学习特点和规律，以方便农民、实惠农民为出发点，坚持教育和培训并重。要以"百万中专生计划"为主要抓手，大力推进"送教下乡"模式，建立"农学结合"弹性学分制的农民学历教育制度；要以阳光工程为主要抓手，大力推进"农民田间学校"和"创业培训"模式，构建标准化、规范化、科学化的农民培训制度。在培养主体上，要下大力气构建以农业广播电视学校、农民科技教育培训中心等农民教育培训专门机构为主体，以农技推广、科研院所等为补充的新型职业农民教育培训体系；要大力推动"校校合作、校站合作"，发挥农业中等职业学校、推广部门等的作用，充分整合教育资源；要大力推进空中课堂、固定课堂、流动课堂和田间课堂建设，建立农民教育培训导师团等制度，努力提高农民教育培养的能力、质量和水平。

三、探索建立新型职业农民认定管理制度

认定管理是对新型职业农民扶持、服务的基本依据，是构建新型职业农民培育制度的载体和平台。全国要制定统一的认定管理意见，建立"政府主导、农业部门负责、农广校等受委托机构承办"的体制机制，深度改造认定农民技术等级的"绿色证书"，建立认定农民职业资格的"新型绿色证书"制度。各地要根据各地实际，充分考虑不同地域、不同产业、不同生产力发展水平等因素，根据农民从业年龄、能力素质、经营规模、产出效益等，科学设定认定条件和标准，研究制定具体的认定管理办法。各地政府要明确认定主体、认定责任和认定程序，明确农民教育专门机构在认定和服务上的主体地位、管理协调作用，加强建设和管理。对经过认定的新型职业农民建立信息档案，并向社会公开，定期考核评估，建立能进能出的动态管理机制。认定程序上可以先进行调查摸底，锁定目标进行重点培育，等培育成熟后再进行认定扶持；也可以高标准、严要求锁定目标进行直接认定，给予政策扶持。不管采取哪种方式，认定工作都要做好翔实的调查，因地制宜制定操作方案；要充分尊重农民意愿，特别是要确保获证与政策扶持相衔接，使农民得到实惠；要公开透明，主动接受社会监督，更不能以任何名义收费；要根据各地实际分产业、分层、分类循序渐进地推进，绝不能一哄而上，急于求成，绝不能搞形式主义，搞一刀切。

四、着力构建新型职业农民扶持政策体系

政策扶持是推动新型职业农民成长的基本动力，是构建新型职业农民培育制度的根本保障。政府要分产业、分层、分类制定扶持政策，要重点向从事粮食生产、有科技带动能力、生产经营型的新型职业农民倾斜。

在生产扶持上，要在稳定现有政策的基础上，将新增项目向新型职业农民倾斜。防止补贴向土地承包经营权的使用者转移，否则新型职业农民得不到实惠，起不到提高生产积极性的作用。要逐步将新增补贴从收入补贴向技术补贴、教育培训补贴转变，构建新型农业经营体系下的强农惠农富农政策的新体系。

在土地流转上，要在登记确权基础上，建立土地有效流转机制，引导土地向新型职业农民流转。

在金融信贷上，要持续增加农村信贷投入，建立担保基金，解决新型职业农民扩大生产经营规模的融资困难问题。

在农业保险上，要扩大新型职业农民的农业保险险种和覆盖面，并给予优惠。

在社会保障上，探索提高新型职业农民参加社会保险比例，提高养老、医疗等公共服务标准等。

在教育培训的政策支持上，要尽快对务农农民中等职业教育实行免学费和国家助学政策，深度改造阳光工程，确保全部用于新型职业农民教育培养，把农广校条件建设纳入国家基本建设项目，启动实施新型职业农民教育培养工程，把更多的农民培养成新型职业农民。

第二章　强农惠农富农相关政策

第一节　种粮农民直接补贴

一、出台背景

为了应对粮食生产成本增加、种粮效益降低、全国粮食种植面积下滑的形势，中央出台了粮食直接补贴政策。粮食直接补贴政策将原来在流通环节通过保护价收购方式对农民提供"间接补贴"，改为以一定方式和标准向种粮农民提供"直接补贴"，由原来的"暗补"改为"明补"。

粮食直接补贴是指对种粮农民直接补贴，原则上按粮食种植面积把粮食补贴直接落实到种粮农户手中，实现对种粮农民利益的直接保护。

2016 年中央财政继续实行种粮农民直接补贴，安排补贴资金 140.5 亿元。

二、实施范围

粮食主产省（自治区）必须在全省（自治区）范围内实行对种粮农民的直接补贴（包括国有农场），其他省（自治区、直辖市）也要比照主产省（自治区）的做法实施，具体实施范围由省级人民政府根据本省实际情况自行决定，主要包括 4 种方式。

（1）各省根据粮食产量等一系列标准确定本省的粮食主产县，然后以主产县为单位，按照前 5 年由国有粮食购销企业按照保护价收购的粮食平均数为基数，核算补贴标准，将本省补贴资金在各县分解，原则上一个县执行统一标准给农民发放补贴。

（2）在省（直辖市）内按照一定的粮食种植规模进行补贴。

（3）不分主产县、产粮大户，对全省种粮农民全部进行补贴。

（4）对向国家交售粮食的农户进行补贴，凭借粮食收购凭证和合同才能领取补贴。

三、补贴方式与标准

我国粮食直补政策对补贴方式有明确的规定，主要有 3 种方式：一是按"实际种植面积"进行补贴；二是按"计税面积"进行补贴；三是按"计税常产面积"进行补贴。具体采用哪种补贴方式，由各省根据本省的实际情况自行决定。除此以外，还可以按照农民交售的商品粮量进行补贴，一些非粮食主产区采用这种补贴方式，如新疆对将粮食卖给国有粮食购销企业的农户进行额外的补贴；福建的种粮农民与国有粮食部门签订订单，把粮食卖给国家后，凭借售粮合同就可以获得粮食补贴。

根据不同的补贴方式，粮食直接补贴的标准也不相同。主要可分为两类：一是以粮食单位种植面积来算，即每亩①补贴多少元；二是以粮食产量或粮食出售量来算，即每千克补贴多少元。每年各省会根据本地的实际情况对补贴标准进行调整，需要查阅各地农业部门相关信息获得最新的补贴标准。以粮食单位种植面积来补贴的执行标准为：小麦 10 元/亩，玉米 5 元/亩，薯类 5 元/亩，杂粮 25 元/亩。

四、发放方式

补贴资金的发放方式为"一卡通"或"一折通"发放，即粮食直接补贴资金从财政局到银行，然后直接转到农户手中。

五、不予补贴的范围

（1）未经国家有关部门批准，在私自新开垦的农田中种植

---

① 1 亩≈667 平方米，1 公顷=15 亩，全书同

的粮食作物，不给补贴。

（2）在已经实施退耕还林项目的地块内种植的粮食作物，不给补贴。

（3）在经济作物中套种粮食作物的，不给补贴。

（4）在河滩、滩涂、渠灌内种植的粮食作物，不给补贴。

六、粮食主产省的具体实施情况

补贴资金：粮食主产区各省粮食直补金额差别较大，排在前三位的是黑龙江、吉林、河南，三省的粮食直补金额均超过11亿元，而同属粮食主产区的内蒙古，粮食直补金额却比黑龙江少很多。

补贴品种：粮食主产区各省地区差异明显，南方省份主要补贴水稻，北方省份主要补贴小麦、玉米等，而东北三省补贴范围更加广泛，主要包括小麦、玉米、水稻、大豆等。

补贴标准：东部地区补贴标准最高、中部次之、西部最低。

补贴方式：粮食主产区大部分省按"实际种植面积"补贴。

第二节 农资综合补贴

一、出台背景

为了应对农业生产资料价格上涨给农民带来的种粮成本增加的问题，2006年国家在粮食直补政策的基础上出台了农资综合补贴政策，对种粮农民在柴油、化肥、农药、农膜等农业生产资料的增支实施直接补贴，用于稳定农民种粮收益，提高广大种粮农民的生产积极性。在农资价格上涨较快的背景下，2009年，国家相关部门又提出进一步完善农资综合补贴动态调整机制，遵循"价补统筹、动态调整、只增不减"的原则，及时安排和增加补贴资金，合理弥补种粮农民增加的农业生产资料成本。

2016年中央财政继续实行种粮农民农资综合补贴，综合补贴资金1 071亿元。

小知识

农资综合补贴是指政府对种粮农民购买农业生产资料（包括化肥、柴油、农药、农膜等）实行的一种直接补贴制度。

二、补贴对象

所有纳入农业税收政策性调整的种粮农民。

三、补贴标准

每年中央财政统筹考虑农资涨价幅度、粮价变化水平和财政补贴力度等因素，确定补贴标准。2016 年，农资综合补贴执行的补贴标准为：小麦 60 元/亩，玉米、薯类和杂粮均为 44 元/亩，补贴面积依据"上年实际种植面积"进行计算。

四、发放方式

农资综合补贴不仅大部分资金分配、核定办法与种粮农民直接补贴相同，而且资金管理和发放渠道也与种粮农民直接补贴相同。主要采取村级公示、档案管理、"一折通"或"一卡通"发放等方式确保补贴资金及时足额地发放到种粮农民手中。

五、不予补贴的范围

（1）未经国家有关部门批准，在私自新开垦的农田中种植的粮食作物，不给补贴。

（2）在已经实施退耕还林项目的地块内种植的粮食作物，不给补贴。

（3）在经济作物中套种粮食作物的，不给补贴。

（4）在河滩、滩涂、渠灌内种植的粮食作物，不给补贴。

第三节　良种补贴

良种补贴又称良种推广补贴，是中央财政为扶持农民生产选用优良品种及配套栽培技术、降低农民用种成本、增加农民收入而提供的资金补贴。

一、农作物良种补贴

(一) 补贴范围

(1) 水稻、小麦、玉米、棉花良种补贴实现 31 省 (自治区、直辖市) 全覆盖。

(2) 大豆在辽宁、吉林、黑龙江、内蒙古实行良种补贴。

(3) 油菜在江苏、浙江、安徽、江西、湖北、湖南、重庆、四川、贵州、云南及河南信阳、陕西汉中和安康实行冬油菜良种补贴。

(4) 青稞在四川、云南、西藏、甘肃和青海等省 (自治区) 的藏区实行良种补贴。

(5) 马铃薯、花生在内蒙古、甘肃、河北和山东等主产区实行良种补贴试点。

(二) 补贴对象

对生产中使用农作物良种的农民 (含农场职工) 给予补贴。对土地承包人租赁土地给别人种植或者由别人代种使用农作物良种的，按 "谁种植谁享受补贴" 的原则，补贴资金直接发放给承租人或者代种人。

(三) 补贴标准

不同作物的补贴标准不同，不同地域的补贴标准也存在差异。每年国家也会根据具体情况调整补贴标准。根据 2016 年公布的最新政策，小麦、玉米、大豆、油菜、青稞每亩补贴 10 元，其中新疆地区的小麦良种补贴 15 元；水稻、棉花每亩补贴 15 元；马铃薯一、二级种薯每亩补贴 100 元；花生良种繁育每亩补贴 50 元、大田生产每亩补贴 10 元。

二、畜牧良种补贴

畜牧良种补贴是国家为扶持引导畜牧养殖户认识良种、使用良种，提高生产效率，增加经济收入而实施的一项支农惠农政策。补贴资金从最初的 1 500 万元增加到 2015 年的 12 亿元，补贴畜种从奶牛逐步扩大到生猪、肉牛、绵羊、山羊、牦牛五大畜种，2017 年国家继续实施畜牧良种补贴政策。

（一）奶牛良种补贴

补贴范围：我国于 2005 年对奶牛实施畜牧良种补贴，目前荷斯坦牛（含娟姗牛）良种补贴在全国范围实施，奶水牛良种补贴在福建、河南、湖北、湖南、广西、贵州、云南 7 个省（自治区）选择项目基础条件好、能繁母牛存栏在 3 000 头以上的县（市）整县推进，乳用西门塔尔牛、褐牛、牦牛和二河牛良种补贴在内蒙古、吉林、安徽、江西、四川、青海、新疆 7 个省（自治区）及新疆生产建设兵团等各项目省选择能繁母牛存栏在 5 000 头以上的县（市）整县推进。2016 年，在北京、天津、河北、内蒙古、黑龙江、上海、山东、河南、新疆 9 个省（自治区）试点实施奶牛胚胎补贴。

补贴对象：项目区内使用良种精液开展人工授精的奶牛养殖场（小区、户）。

补贴标准：按照每头能繁母牛每年补贴 30 元或 20 元。除水牛外，荷斯坦牛（含娟姗牛）每头能繁母牛每年使用 2 剂冻精，每剂冻精补贴 15 元，其他奶牛品种每剂冻精补贴 10 元。奶水牛每头能繁母牛每年使用 3 剂冻精，每剂冻精补贴 10 元。

补贴品种：包括荷斯坦牛（含娟姗牛）、乳用西门塔尔牛、褐牛、牦牛和三河牛等品种。

（二）生猪良种补贴

补贴范围：我国于 2007 年对生猪实施畜牧良种补贴，在天津、河北、山西、内蒙古、辽宁、吉林、黑龙江、江苏、浙江、安徽、福建、江西、山东、河南、湖北、湖南、广东、广西、海南、重庆、四川、贵州、云南、陕西、甘肃、宁夏 26 个省（自治区、直辖市）及黑龙江农垦和广东农垦等各项目省选择能繁母猪在 2 万头以上、生猪人工授精覆盖率在 50% 以上的县

（市、区）实施。2016 年国家继续实施畜牧良种补贴政策。

补贴对象：项目区内使用良种精液开展人工授精的母猪养殖场（小区、户）。

补贴标准：按照每头能繁母猪每年使用 4 份精液，每份精液补贴 10 元。

补贴品种：包括杜洛克猪、长白猪、大约克夏猪等国家批准的引进品种，以及培育品种（配套系）和地方品种。

（三）肉牛良种补贴

补贴范围：我国于 2009 年对肉牛实施畜牧良种补贴，目前在河北、山西、内蒙古、辽宁、吉林、黑龙江、江苏、安徽、江西、山东、河南、湖北、湖南、广西、重庆、四川、贵州、云南、山西、甘肃、宁夏、新疆 22 个省（自治区、直辖市）及新疆生产建设兵团等各项目省选择存栏能繁母牛 5 000 头以上的县（市）实施。2016 年国家继续实施肉牛良种补贴政策。

补贴对象：项目区内使用良种精液开展人工授精的肉牛养殖场（小区、户）。

补贴标准：按照每头能繁母牛每年使用 2 份精液，每份精液补贴 5 元。

补贴品种：国家批准引进和自主培育的肉牛品种以及优良地方品种。

（四）绵羊、山羊良种补贴

补贴范围：我国于 2009 年、2011 年相继对绵羊、山羊实施畜牧良种补贴，目前在河北、内蒙古、辽宁、吉林、黑龙江、安徽、山东、河南、湖北、湖南、广西、四川、贵州、云南、西藏、甘肃、青海、宁夏、新疆 19 个省（自治区）及新疆生产建设兵团和黑龙江农垦等各项目省选择能繁母羊存栏 2 万只以上的县（市）实施。2016 年国家继续实施种公羊补贴政策。

补贴对象：项目县内存栏能繁母羊 30 只以上的养殖户。

补贴标准：绵羊、山羊种公羊每只一次性补贴 800 元。

补贴品种：国家批准引进和自主培育的绵羊、山羊品种以及优良地方品种。

（五）牦牛良种补贴

补贴范围：我国于 2011 年对牦牛实施畜牧良种补贴，目前在四川、西藏、甘肃、青海、新疆 5 个项目省（自治区）实施，项目县的选择由项目区省级畜牧兽医主管部门结合本地实际确定。2016 年国家继续实施牦牛补贴政策。

补贴对象：项目县内牦牛能繁母牛 25 头以上的养殖户。

补贴标准：牦牛种公牛一次性补贴 2 000 元/头。

补贴品种：国家批准引进和自主培育的牦牛品种以及优良地方品种。

三、不予补贴的范围

（1）没有使用国家规定农作物品种的，不给补贴。

（2）没有达到国家规定养殖规模的，不给补贴。

（3）没有购买国家规定优良品种的，不给补贴。

（4）配种没有成功或达不到配种要求的，不给补贴。

第四节　农机具购置补贴

农机具购置补贴是指中央财政为支持农民个人和直接从事农业生产的农机服务组织购买符合国家要求且经过农机鉴定机构检测合格的农业机械，提高农业机械化水平而提供的一种资金补贴。

一、实施范围

农机具购置补贴始于 1998 年，于 2004 年上升为中央重大支农惠农政策，实施范围每年都会有所调整，2012 起已经实现了全国所有农牧业县（场）的全覆盖。

二、补贴对象

农机具购置补贴的补贴对象包括购买和更新大型农机具的

农民个人、农场职工、农机专业户和直接从事农业生产的农机服务组织。

三、补贴标准

一般农机每档次产品补贴额原则上按不超过该档产品上年平均销售价格的30%测算，单机补贴额不超过5万元；挤奶机械、烘干机单机补贴额不超过12万元；100马力以上大型拖拉机、高性能青饲料收获机、大型免耕播种机、大型联合收割机、水稻大型浸种催芽程控设备单机补贴额不超过15万元；200马力以上拖拉机单机补贴额不超过25万元；大型甘蔗收获机单机补贴额不超过40万元；大型棉花采摘机单机补贴额不超过60万元。

不同地区农机购置补贴政策的实施方式略有不同，根据国家绒毛用羊产业技术体系产业经济研究团队2014年的调研情况来看，新疆巩留县对养殖户购进青储收割机、粉碎机、打捆机实行国家购机补贴30%的基础上，再给予20%的县级财政补助，也就是说，若一台机器1 000元，可享受国家补贴300元，县财政补贴200元。

四、补贴种类

每年农业农村部根据全国农业发展需要和国家产业政策，并充分考虑各省地域差异和农牧业机械发展实际情况，确定补贴机具种类。2016年补贴种类共计十一大类43个小类137个品目。粮食主产省要选择粮食生产关键环节急需的部分机具品目敞开补贴，主要包括深松机、免耕播种机、水稻插秧机、机动喷雾喷粉机、动力（喷杆式、风送式）喷雾机、自走履带式谷物联合收割机（全喂入）、半喂入联合收割机、玉米收获机、薯类收获机、秸秆粉碎还田机、粮食烘干机、大中型轮式拖拉机等。棉花、油料、糖料作物主产省要对棉花收获机、甘蔗种植机、甘蔗收获机、油菜籽收获机、花生收获机等机具品目敞开补贴。

五、兑付方式

实行"自主购机、定额补贴、县级结算、直补到卡（户）"的兑付方式，具体操作办法由各省制定。农民必须到由企业确定、省级农机化主管部门公布的补贴产品经销商那里去购买农机具。在购买过程中可以与经销商讨价还价，最后付账时只需要支付协商价格扣除补贴额之后的差价即可。

六、不予补贴范围

（1）不是在中华人民共和国境内生产的农机具，不给补贴。

（2）没有获得部级或省级有效推广鉴定证书的农机具（新产品补贴试点除外），不给补贴。

（3）没有在明显位置固定标有生产企业、产品名称和型号、出厂编号、生产日期、执行标准等信息的永久性铭牌的农机具，不给补贴。

第五节　对家庭农场的补助扶持

家庭农场是指以家庭成员为主要劳动力，从事农业规模化、集约化、商品化生产经营，并以农业为主要收入来源的新型农业经营主体。在美国和西欧一些国家，农民通常在自有土地上经营，也有的以租入部分或全部土地经营。农场主本人及其家庭成员直接参加生产劳动。早期家庭农场是独立的个体生产，在农业中占有重要地位。中国农村实行家庭承包经营后，有的农户向集体承包较多土地，实行规模经营，也被称为家庭农场。

一、家庭农场登记扶持政策

一般而言，作为普通民事主体的个体工商户、个人独资企业、合伙企业和有限责任公司在登记时，需要按照有关规定缴纳费用。从目前来看，家庭农场登记在部分地区明确规定免收费用。例如，河南、山东等地明文规定家庭农场登记免收注册登记费、验照年检费和营业执照工本费；江苏宿迁出台了家庭农场奖补政策，对在工商部门注册登记、取得营业执照，并经市农业主管部门认定的从事粮食种植的家庭农场，一次性给予补助 10 万元，用于支持家庭农场新建水泥晒场和仓储设施。

二、土地承包经营权流转奖补

各地政府积极促进土地承包经营权向家庭农场流转，如上海、安徽、山东等地均出台了相关政策文件。以上海为例，该市开展了现代农业组织化经营专项奖补试点，对从事粮食生产、种植面积在 100 亩以上，并与自身生产经营能力相匹配的家庭农场，由市、区县财政分别给予每亩 100 元的专项补贴。补贴资金由市财政局拨付给试点区财政局，并由区财政配套后，将市、区县两级奖补资金一并拨付至承包农户一折通（一卡通）账户。

三、信贷服务扶持

根据 2013 年中国农业银行发布的《中国农业银行专业大户（家庭农场）贷款管理办法（试行）》的相关规定，单户贷款额度最高可到 1 000 万元；在贷款用途上，除了满足客户购买农业生产资料等流动性资金需求，还可以用于农田基本设施建设和支付土地流转费用，贷款期限最长可达 5 年。除了银行出台政策外，地方政府也在积极完善信贷服务，如青岛市、平度市支持新型农业经营主体以土地经营权抵押融资。

四、农业保险保费补贴

补贴品种：中央财政提供农业保险保费补贴的品种主要有 15 个，分别是玉米、水稻、小麦、棉花、马铃薯、油料作物、糖料作物、能繁母猪、奶牛、育肥猪、天然橡胶、森林、青稞、藏系羊、牦牛等。

补贴比例：对于种植业保险，中央财政对中西部地区补贴 40%，对东部地区补贴 35%，对新疆生产建设兵团、中央直属垦区、中储粮北方公司、中国农业发展集团公司（以下简称

"中央单位")补贴 65%，省级财政至少补贴 25%。对能繁母猪、奶牛、育肥猪保险，中央财政对中西部地区补贴 50%，对东部地区补贴 40%，对中央单位补贴 80%，地方财政至少补贴 30%。对于公益林保险，中央财政补贴 50%，对大兴安岭林业集团公司补贴 90%，地方财政至少补贴 40%；对于商品林保险，中央财政补贴 30%，对大兴安岭林业集团公司补贴 55%，地方财政至少补贴 25%。

补贴区域：中央财政农业保险保费补贴政策覆盖全国，地方可自主开展相关险种。

五、耕地保护与质量提升补助

国家鼓励和支持种粮大户、家庭农场等新型农业经营主体及农民还田秸秆，加强绿肥种植，增施有机肥。一是全面推广秸秆还田综合技术。在南方稻作区，主要解决早稻秸秆还田影响晚稻插秧抢种的问题。在华北地区，主要解决玉米秸秆量大、机械粉碎还田后影响下茬作物生长、农民又将粉碎的秸秆搂到地头焚烧的问题。根据不同区域特点，推广应用不同秸秆还田技术模式。二是加大地力培肥综合配套技术应用力度。集成秸秆还田、增施有机肥、种植肥田作物、施用土壤调理剂等地力培肥综合配套技术，在开展补充耕地质量验收评定试点工作和建设高标准农田面积大、补充耕地数量多的省份大力推广应用。三是加强绿肥种植示范区建设。主要在冬闲田、秋闲田较多，种植绿肥不影响粮食和主要经济作物发展的地区，设立绿肥种植示范区。

第六节 对农民专业合作社的补助扶持

一、产业政策倾斜

《中华人民共和国农民专业合作社法》（以下简称《农民专业合作社法》）第四十九条规定，国家支持发展农业和农村经济的建设项目，可以委托和安排有条件的有关农民专业合作社实施。只要适合农民专业合作社承担的涉农项目，都应将农民专业合作社纳入申报范围，明确申报条件。

（一）申报条件

农民专业合作社承担相关涉农项目应具备以下条件。

（1）经工商行政管理部门依法登记并取得农民专业合作社法人营业执照。

（2）有符合法律、法规规定的组织机构、章程和财务管理等制度。

（3）经营状况和信用记录良好。

（4）符合有关涉农项目管理办法（指南）规定的各项条件。

（二）申报程序

符合条件的农民专业合作社可以按照政府有关部门项目指南的要求，向项目主管部门提出承担项目申请，经项目主管部门批准后实施。

（三）申报优势

（1）合作社重点享受国家政策倾斜。国家各项惠农政策的扶持主体正逐渐从农业企业向农民专业合作社倾斜。

（2）合作社拥有"对话政府"的权利。合作社项目申报间接拥有着与政府直接对话的权利。因为合作社直接代表农民群体，与政府的关系是指导、扶持和服务的关系，不是领导与被领导的关系。合作社主管部门以项目申报标准和要求指导合作社规范化、规模化发展，合作社通过项目申报向政府反映生产经营状况、社员合作关系、农民的基本诉求。

（3）合作社项目申报门槛低，机会大。相比于公司，合作社申报项目的成功机会更大。国家各项惠农政策不断往农民专业合作社倾斜，扶持项目逐年增加，扶持资金逐年增长，合作社受益范围随之扩大。

（4）申报材料简易，编撰难度低。相关部门充分考虑合作社的特殊情况，最大限度地简化了合作社申报项目的材料要求。

二、财政扶持政策

（一）优先获得农机购置补贴

国家明确规定农民专业合作社购买农机具优先给予补贴。

（二）提高省储粮交售奖励标准

在省储粮交售奖励上，我国部分地区也重点扶持农民专业合作社，奖励标准比一般农户要高。

（三）发放"农机作业券"

有的地区以"农机作业券"形式支持农民专业合作社。如浙江省衢州市规定，对本区域应用水稻机械化插秧、油菜机械化收获作业的农户，给予每亩40元的补贴；对接受具有一定规模（服务面积达到500亩）以上的植保、粮食、农机等合作社病虫害统一防治的农户，给予每亩40元的补贴。上述补贴以"农机作业券"的形式发放，其中浙江省财政负担60%，市（县）负担40%。

（四）专项经费扶持

部分地区还对合作社加强自身建设提供经费支持。如重庆市涪陵区先后启动区级农民专业合作社示范补助项目和品牌建设奖励项目，对每个示范社给予5万元的财政补助，对通过无公害农产品、绿色食品、有机食品质量认证的合作社分别给予3万元、5万元和10万元的奖励。

（五）为合作社提供更优的服务

地方政府为合作社提供更多的技术服务和生产资料支持。如江西省樟树市通过零距离办证、上门技术服务、免费测土施肥等服务，使合作社享受到优于一般农户的服务和支持，同时当地农业局还免费向合作社提供良种，并经常向合作社赠送肥料等生产资料。

三、金融扶持政策

《农民专业合作社法》第五十一条规定，国家政策性金融机构和商业性金融机构应当采取多种形式，为农民专业合作社提供金融服务。

四、税收优惠政策

根据《财政部国家税务总局关于农民专业合作社有关税收政策的通知》规定，对农民专业合作社的税收政策可按下列情况办理。

（1）对农民专业合作社销售本社成员生产的农业产品，视同农业生产者销售自产农业产品免征增值税。

（2）增值税一般纳税人从农民专业合作社购进的免税农产品，可按13%的扣除率计算抵扣增值税进项税额。

（3）对农民专业合作社向本社成员销售的农膜、种子、种苗、化肥、农药、农机、免征增值税。

（4）对农民专业合作社与本社成员签订的农业产品和农业生产资料购销合同，免征印花税。国家和地方每年都要设置一定的财政专项资金，用于支持农业产业化发展，其中就有对农业企业尤其是龙头企业扶持的资金。财政专项资金的使用主要体现在对农业企业的项目扶持上。

（一）农业综合开发产业化经营项目

其主要有经济林及设施农业种植、畜牧水产养殖等种植养殖基地项目，农产品加工项目，储藏保鲜、产地批发市场等流通设施项目。规定在工商部门注册1年以上、具备可持续经营能力的龙头企业，均可申报产业化经营项目。单个财政补助项目的财政资金申请额度不高于自筹资金额度，单个贷款贴息项目的贷款额度一般不高于1亿元。申请额度下限由各省根据实际情况自行确定。

（二）菜果茶标准化创建项目

2016 年继续开展园艺作物标准园创建，在蔬菜、水果、茶叶专业村实施集中连片推进，实现由"园"到"区"的拓展。在资金安排上，加大对种植大户、专业化合作社和龙头企业发展标准化生产的支持力度，推进蔬菜生产的标准化、规模化、产业化。

（三）畜牧标准化规模养殖项目

2014 年，中央财政共投入资金 38 亿元支持发展畜禽标准化规模养殖。其中，中央财政安排 25 亿元支持生猪标准化规模养殖小区（场）建设，安排 10 亿元支持奶牛标准化规模养殖小区（场）建设，安排 3 亿元支持内蒙古、四川、西藏、甘肃、青海、宁夏、新疆以及新疆生产建设兵团肉牛肉羊标准化规模养殖场（小区）建设。支持资金主要用于养殖场（小区）水电路改造、粪污处理、防疫、挤奶、质量检测等配套设施建设等。2016 年国家继续支持奶牛、肉牛和肉羊的标准化规模养殖。

（四）动物防疫补贴

对农业企业而言，一是重大动物疫病强制免疫疫苗补助，国家对高致病性禽流感、口蹄疫、高致病性猪蓝耳病、猪瘟、小反刍兽疫等动物疫病实行强制免疫政策；强制免疫疫苗由省级政府组织招标采购；疫苗经费由中央财政和地方财政共同按比例分担，养殖场不用支付强制免疫疫苗费用。二是畜禽疫病扑杀补助，国家对高致病性禽流感、口蹄疫、高致病性猪蓝耳病、小反刍兽疫发病动物及同群动物和布鲁氏菌病、结核病阳性奶牛强制扑杀给养殖者造成的损失予以补助，补助经费由中央财政、地方财政和养殖场按比例承担。三是养殖环节病死猪无害化处理补助，国家对年出栏生猪 50 头以上，对养殖环节病死猪进行无害化处理的生猪规模化养殖场（小区），给予每头 80 元的无害化处理费用补助，补助经费由中央和地方财政共同承担。四是生猪定点屠宰环节病害猪无害化处理补贴。国家对屠宰环节病害猪损失和无害化处理费用予以补贴，病害猪损失财政补贴标准为每头 800 元，无害化处理费用财政补贴标准为每头 80 元，补助经费由中央和地方财政共同承担。

（五）"双百"市场工程

商务部于 2006 年启动了"双百"市场工程，支持 100 家大型农产品批发市场和 100 家大型农产品流通企业，建设或改造配送中心、仓储、质量安全、检验检测、废弃物处理及冷链系统等。政策支持方向是重点支持农产品批发市场进行冷链、质量安全可追溯、安全监控、废弃物处理等准公益性设施以及交易厅棚、仓储物流、加工配送、分拣包装等经营性设施建设和改造；支持农贸市场进行交易厅棚、冷藏保鲜、卫生、安全、服务等设施建设和改造。

（六）农产品现代流通综合试点

此项目于 2011 年开展，扶持方向是支持农产品批发市场改造升级，完善功能；支持农贸市场提档升级；支持大型连锁超市与从事鲜活农产品生产的农民专业合作社或农业产业化龙头企业开展农超对接；支持探索和创新农产品流通模式。试点地区包括江苏、浙江、安徽、江西、河南、湖南、四川、陕西等省。

五、税收优惠政策

税收优惠政策主要包括所得税减免、增值税减免、土地使用税减免、出口退税以及其他税收优惠政策（如减免农林特产税等）。部分地区扶持农业龙头企业税收优惠政策见表 2-1。

表 2-1　中国部分地区扶持龙头企业的税收优惠政策

四川	所得税政策	龙头企业暂免征企业所得税。龙头企业及其生产基地视为同一纳税单位，免征农业特产税，由龙头企业统一纳税。对生产基地遭受严重自然灾害的龙头企业，可减征或免征所得税 1 年
	增值税政策	粮食加工龙头企业不分企业性质，与国有粮食购销企业享受同等待遇，免征增值税
	关税政策	龙头企业兴办的良种、良畜（禽）试验推广项目，免征进口税和进口环节增值税
	其他税收政策	允许重点龙头企业提取销售收入的 5%以上作为技术改进费并计入管理费用；企业研究开发新产品、新技术、新工艺所发生的各项费用按实际发生额计入管理费用。技改、购买国产设备的投资抵免企业所得税
江苏	所得税政策	对从事种植业、养殖业和农林产品初加工所得暂免征企业所得税；从 2005 年起，新建年销售收入 5 000 万元以上的农产品加工龙头企业，暂免征企业所得税
	增值税政策	进项税额扣除率为 13%列入市级以上龙头企业的粮食加工企业，免征增值税
	土地使用税政策	龙头企业用于农产品生产基地、加工、临时交易的用地，视为农业用地对待。土地使用税、房产税纳税有困难的，按税收管理权限报批减免
	关税政策	免征进口环节增值税和进口关税
	其他税收政策	国产设备投资的 40%，可从企业技术改造项目设备购置当年比前一年新增的企业所得税中抵免；对新建的农产品专业市场免收 3 年市场管理费
安徽	所得税政策	国家级重点龙头企业暂免征企业所得税。龙头企业遭受严重自然灾害，减征或免征企业所得税 1 年。对提供技术服务或劳务服务所取得的收入暂免征所得税
	增值税政策	对从事种植业、养殖业的龙头企业销售本企业自产的农产品，免征增值税。对龙头企业生产、销售的种子、种苗、饲料（不含豆粕）免征增值税
	土地使用税政策	对龙头企业直接用于农、林、牧、渔业的生产用地，免征城镇土地使用税。对经批准改造的废弃土地，从使用的月份起，10 年内免征城镇土地使用税
	关税政策	免征进口环节增值税和进口税
	其他税收政策	对龙头企业投资国产设备投资的 40%，可从当年新增企业所得税中抵免，抵免期限为 5 年
	所得税政策	省级龙头企业暂免征所得税；研究开发费用计入管理费用，税前扣除，研究费用增长比例在 10%以上的盈利企业，再按实际技术开发费发生额的 50%抵扣应纳税所得额

（续表）

江西	增值税政策	按13%的扣除率抵扣进项税额；自产自销农产品免征增值税；免征综合利用产品所交的增值税；联销经营总部集中申报缴纳增值税
	关税政策	免征进口环节增值税和进口税
	其他税收政策	购买国产设备投资抵免40%的所得税；高新技术企业并在高新技术产业区的，可按减15%的税率征收所得税；新办并在高新技术产业区的高新技术企业，自投产之日起免征2年企业所得税
福建	所得税政策	对从事高新技术、资源综合利用、农业技术转让的农业产业化经营龙头企业，以及为农产品生产、加工、流通服务的行业，给予税收优惠
	其他税收政策	对新建的各种农产品专业市场、集贸市场免收3年市场管理费
贵州	所得税政策	对国有农业企事业单位从事种植业、养殖业和农林产品初加工业所得暂免征企业所得税
	关税政策	免征进口环节增值税和进口关税
	其他税收政策	国产设备投资的所得税抵免政策
	所得税政策	对国家级重点龙头企业从事种植业、养殖业和农产品初加工取得的收入，暂免征企业所得税
湖北	关税政策	免征进口环节增值税和进口关税
	其他税收政策	国产设备投资的40%可从企业技术改造项目设备购置当年比前一年新增的企业所得税中抵免
	所得税政策	从事种植业、养殖业和农林产品初加工并与其他业务分别核算的重点龙头企业，暂免征企业所得税
广西	其他税收政策	重点龙头企业所属的控股子公司，直接控股比例超过50%（不含50%）且子公司以农产品加工、流通为主业的，可享优惠政策；子公司从事种植业、养殖业和农林产品初加工可享受重点龙头企业所得税减免优惠政策
	所得税政策	对国家重点龙头企业从事种植业、养殖业和农林产品初加工所得，暂免征企业所得税。市级龙头企业研究开发新品种、新技术、新工艺所发生的各项费用在缴纳企业所得税前扣除

（续表）

重庆	增值税政策	征收产品增值税的税率不超过13%；销售自产的农产品及经初级加工后仍属农产品的，免征增值税；粮食加工企业免征增值税
	其他税收政策	市级龙头企业在未明确使用权的土地及非耕地上发展种植业和养殖业，从取得收益之年起，免征5年农林特产税
北京	增值税政策	市级重点龙头企业生产自销的农产品，免征增值税
	关税政策	免征关税

六、金融扶持政策

农业企业的发展需要得到多方面的扶持，特别是在资金方面。中国农业银行、农村信用社和农业发展银行都在积极支持农业企业的发展。

七、特殊政策

（一）设施农用地支持政策

主要是将规模化粮食生产必需的配套设施用地纳入"设施农用地"管理。农业企业等从事规模化粮食生产必需的配套设施用地，包括晾晒场、粮食烘干设施、粮食和农资临时存放场所、大型农机具临时存放场所等设施用地，按照农用地管理，不需要办理农用地转用审批手续。

（二）用电、用水优惠政策

（1）规模化生猪、蔬菜等生产的用水、用电与农业同价。

（2）电力部门对粮食烘干机械用电采取按农业生产用电价格从低执行的政策。

第七节　对社会化服务组织的补助扶持

一、测土配方施肥补助

2016年，国家深入推进测土配方施肥，免费为1.9亿农户提供测土配方施肥技术服务，推广测土配方施肥技术 15 亿亩以上。其中部分资金用于支持专业化、社会化配方施肥服务组织发展，用信息化手段开展施肥技术服务。

二、农业生产全程社会化服务试点

国家继续安排农业技术推广与服务资金，用于引导、支持服务组织为农户在粮食生产过程中，包括工厂化育种供秧、农业生产机械化、植保统防统治、农业生产资料统一配送、订单收购及相应的技术指导和服务等环节，提供全程社会化服务。根据服务组织开展社会化服务能力和质量，财政给予一定的资金补贴。

我国出台的针对家庭农场、农民专业合作社、农业企业以及社会化服务组织的补助扶持政策，极大地推动了新型农业经营主体的发展，提高了新型农业经营主体从事农业生产的积极性，从而有效带动了我国现代农业的发展，提高了我国农业生产的专业化和规模化水平。

第八节　"三补合一"政策

2015 年，财政部、农业部（现农业农村部）选择安徽、山东、湖南、四川和浙江 5 省，由省里选择一部分县（市）开展农业"三补合一"改革试点。试点的主要内容是将农业"三项补贴"合并为"农业支持保护补贴"。一是将 80% 的农资综合补贴存量资金，加上种粮农民直接补贴和农作物良种补贴资金，用于耕地地力保护，直接现金补贴到户。补贴对象为所有拥有耕地承包权的种地农民，享受补贴的农民要做到耕地不撂荒，地力不降低。补贴资金需要与耕地面积或播种面积挂钩，并严格掌握补贴政策界限。对已作为畜牧养殖场使用的耕地、林地、成片粮田转为设施农业用地、非农业征（占）用耕地等已改变用途的耕地，以及长年抛荒地、占补平衡中"补"的面积和质量达不到耕种条件的耕地等不再给予补贴。二是 20% 的农资综合补贴存量资金，加上种粮大户补贴试点资金和农业"三项补贴"增量资金，按照全国统一调整完善政策的要求支持粮食适度规模经营。

2016年，农业"三项补贴"改革在总结试点经验，进一步完善政策措施的基础上在全国范围内推开。

第九节　生产大县奖励补贴政策

一、产粮（油）大县奖励政策

为改善和增强产粮大县财力状况，调动地方政府重农抓粮积极性，2005年中央财政出台了产粮大县奖励政策。2015年中央财政安排产粮（油）大县奖励资金371亿元，2016年中央财政将继续实施产粮（油）大县奖励政策。2015年产粮大县奖励资金由中央财政测算分配到县。对常规产粮大县，主要依据2009—2013年5年平均粮食产量大于4亿斤[①]，且商品量（按粮食产量扣除农民口粮、饲料粮、种子用粮测算）大于1 000万斤来确定；对虽未达到上述标准，但在主产区产量或商品量列前15位，非主产区列前5位的县也可纳入奖励；上述两项标准外，每个省份还可以确定1个生产潜力大、对地区粮食安全贡献突出的县纳入奖励范围。在常规产粮大县奖励基础上，中央财政对2009—2013年5年平均粮食产量或商品量分别列全国前100名的产粮大县，作为超级产粮大县给予重点奖励。奖励资金采用因素法分配，粮食商品量、产量、播种面积、绩效评价权重分别为60%、20%、18%、2%，常规产粮大县奖励资金与省级财力状况挂钩，不同地区采用不同的奖励系数，常规产粮大县奖励标准为700万~9 000万元，奖励资金作为一般性转移支付，由县级人民政府统筹使用；超级产粮大县奖励资金用于扶持粮食生产和产业发展。

---

① 1斤=500克

产油大县奖励入围条件由省级人民政府按照"突出重点品种、奖励重点县（市）"的原则确定，入围县享受奖励资金不得低于 100 万元。2016 年产油大县存量奖励资金分配由中央财政根据 2011—2013 年分省分品种油料（含油料作物、大豆、棉籽、油茶籽）产量及折油脂比率，测算各省（区、市）3 年平均油脂产量，作为奖励因素。油菜籽增加奖励系数 20%，大豆已纳入产粮大县奖励的继续予以奖励，奖励资金全部用于扶持油料生产和产业发展。

二、生猪（牛、羊）调出大县奖励政策

为调动地方政府发展生猪（牛、羊）养殖积极性，促进生猪（牛、羊）生产、流通，引导产销有效衔接，保障市场供应，2015 年中央将生猪大县奖励政策调整为生猪（牛、羊）调出大县奖励政策，将牛、羊也纳入奖励范围。由此，奖励资金扩大到生猪调出大县奖励资金、牛羊调出大县奖励资金和省级统筹奖励资金 3 个部分，要求对生猪调出大县前 500 名、牛羊调出大县前 100 名给予支持。此外，进一步明确资金支持范围，包括生猪（牛、羊）生产环节的圈舍改造、良种引进、污粪处理、防疫、保险、牛羊饲草料基地建设，以及流通加工环节的冷链物流、仓储、加工设施设备等方面的支出。

第十节　农产品目标价格政策及粮食适度规模经营补贴

一、农产品目标价格政策

2014 年，为探索推进农产品价格形成机制与政府补贴脱钩的改革，逐步建立农产品目标价格制度，切实保证农民收益，国家启动了东北和内蒙古大豆、新疆棉花目标价格改革试点，积极探索粮食、生猪等农产品目标价格保险试点，开展粮食生产规模经营主体营销贷款试点。2016 年国家继续实施并不断完善相关政策。

二、粮食适度规模经营补贴

补贴方式：鼓励各地创新新型经营主体支持方式，采取贷款贴息、重大技术推广与服务补助等方式支持新型经营主体发展多种形式的粮食适度规模经营，不鼓励对新型经营主体采取现金直补。对新型经营主体贷款贴息可按照不超过贷款利息的50%给予补助。对重大技术推广与服务补助，可以采取"先服务后补助"、提供物化补助等方式。

补贴对象：重点向种粮大户、家庭农场、农民合作社和农业社会化服务组织等新型经营主体倾斜，体现"谁多种粮食，就优先支持谁"。

补贴目的：加快推进农业社会化服务体系建设，在粮食生产托管服务、病虫害统防统治、农业废弃物资源化利用、农业面源污染防治等方面，积极采取政府购买服务等方式支持符合条件的经营性服务组织开展公益性服务，积极探索将财政资金形成的资产折股量化到组织成员。

第十一节　最低收购价政策

中国有句俗语叫"谷贱伤农"，顾名思义，就是粮食收购价低，将极大地影响农民的收入。为保护农民利益，防止"谷贱伤农"，2016年我国继续在小麦主产区、稻谷主产区实行最低收购价政策。

所谓最低收购价是指承担最低收购价收购任务的收储库点向农民直接收购标准品的到库价。能够享受此政策的粮食有小麦、早籼稻、中晚籼稻、粳稻。

大家还要把握一点，上述最低收购价格指的是到库价。近年来，随着农业社会化服务体系的发展，农民粮食经纪人蓬勃发展，为种粮农民提供了便利，其走村串户的粮食收购价格是自主协商形成的，与最低收购价概念是不同的。

国家发展改革委、国家粮食局等六部门发布的2016年《小麦和稻谷最低收购价执行预案》规定，2016 年小麦和稻谷最低收购价的收购时间和价格如下。

（1）2016 年小麦最低收购价政策。

主产区：河北、江苏、安徽、山东、河南、湖北。

价格：每 50 千克 118 元（1.18 元/500 克）。

（2）2016 年早籼稻最低收购价政策。

主产区：安徽、江西、湖北、湖南、广西。

价格：每 50 千克 133 元（1.33 元/500 克）。

（3）2016 年中晚稻（包括中晚籼稻和粳稻）最低收购价政策。

主产区：江苏、安徽、江西、河南、湖北、湖南、广西、四川、辽宁、吉林、黑龙江。

价格：中晚籼稻每 50 千克 138 元（1.38 元/500 克），粳稻每 50 千克 155 元（1.55 元/500 克）。

（4）2016 年粮食最低收购价质量标准。

以 2016 年生产的国标三等粮为标准品，以安徽省公布的 2016 年中晚稻最低收购价政策为例。

标准品中晚籼稻的具体质量标准为：杂质 1% 以内，水分 13.5% 以内，出糙率 75%~77%（含 75%，不含 77%），整精米率 44%~47%（含 44%，不含 47%）；

标准品粳稻的具体质量标准为：杂质 1% 以内，水分 14.5% 以内，出糙率 77%~79%（含 77%，不含 79%），整精米率 55%~58%（含 55%，不含 58%）。

第三章 领办创办新型农业经营主体

第一节 新型农业经营主体及经营体系的概述

一、新型农业经营主体的概念

农业经营主体是指直接或间接从事农产品生产、加工、销售和服务的任何个人和组织，它必须具备以下 3 个条件：一是拥有或者掌握一定规模的土地、设备、资金等资产和一定数量的劳动力；二是具有一定的经营知识、经验和能力；三是能自主经营、自负盈亏、独立承担法律责任。

2012 年年底，中央农村工作会议正式提出培育新型农业经营主体的要求。新型农业经营主体是指具有相对较大的经营规模、较好的物质装备条件和经营管理能力，劳动生产、资源利用和土地产出率较高，以商品化生产为主要目标的农业经营组织。主要包括家庭农场、专业种养大户、农业专业化合作经济组织和以农业产业化龙头企业为代表的农业企业及各类社会化服务组织。新型农业经营主体是构建我国集专业化、规模化、组织化、集约化、社会化于一体的新型农业经营体系的关键环节，是推动我国由传统农业向现代化农业转型的农业经营组织。

二、新型农业经营体系的概念

新型农业经营体系可以被理解为，在坚持农村基本经营制度的基础上，顺应农业农村发展形势的变化，通过自发形成或政府引导而形成的各类农产品生产、加工、销售和生产性服务主体及其关系的总和，是各种利益关系下的传统农户与新型农业经营主体的总称。

中央提出构建新型农业经营体系的要求，是针对我国目前农业农村发展形势作出的综合判断。新型农业经营体系是对农村基本经营制度的丰富发展。以家庭承包经营为基础、统分结合的双层经营体制，是我国农村改革取得的重大历史性成果，并在农村改革的深化中不断丰富、完善、发展。双层经营体制就是在农村集体经济组织中实行家庭承包经营的基础上，形成家庭分散经营和集体统一经营相结合的制度形式。双层经营体制下虽以家庭承包经营为主，但对于一些不适合农户承包或农户不愿承包的项目，还需集体统一经营和管理。国际经验表明，现代农业需要与之相适应的经营方式，集约化、规模化、组织化、社会化是现代农业对经营方式的内在要求。

已经具备了构建新型农业经营体系的基础和条件。我国已初步形成了以小规模农户为基础、以新型农业经营主体为骨干、社会化服务贯穿全程、各类主体利益关系相互联结的经营格局，加快构建新型农业经营体系的条件已经成熟。

第二节 家庭农场与专业大户

一、家庭经营管理的概念

家庭经营的管理，就是为了实现家庭经营的决策目标，组织指挥家庭成员进行有序的生产活动，并对家庭内部及家庭与社会环境进行有效的协调，确保家庭经营活动的顺利进行。

农户家庭不论大小、贫富都是一个从事经济活动的组织。哪里有经济活动，哪里就有管理活动。尤其是当前农户家庭经营在市场经济的复杂背景下，家庭经营的管理显得特别重要，有没有管理，管理得好不好，会直接影响到经营成果，也成为拉开农户之间贫富差距的主要因素。

二、家庭经营的管理内容

按照经营管理的基本原理，结合我国当前农村家庭经营的要求，农户家庭经营的管理主要应完成以下4项工作（即职能）。

一是组织指挥。要求由家庭经营的管理者、组织家庭成员以及帮工或雇工等人员，严格按照决策要求和计划，合理分工、各司其职，从事预定的生产和经营活动。目的是为避免"多头指挥"。

二是控制监督。主要是对决策、计划的实施过程、参与生产经营的每个人、各个阶段和各个环节的完成进度、质量、效益等及时地进行掌握和纠正。目的是为避免生产经营活动偏离既定目标。

三是协调疏导。主要是通过对家庭内外部关系或矛盾的处理、协调和疏导，确保内部和谐、士气高昂。同时，与家庭外部有关方面建立良好的关系，并经营好沟通渠道。目的是不断增强家庭经营的活力。

四是开拓创新。主要是使家庭经营要不断适应社会经济和市场经济的变化，并能在瞬息万变的市场经济中不断寻求到新的发展机会，敢于接受新鲜事物，不断学习新知识、新技术。目的是不要有墨守成规的落后意识。

三、专业大户与家庭农场的经营

（一）土地有序流转才能有稳定发展

土地既是农业最重要的生产要素，其使用权也是农民最重要的权利。以农村土地家庭承包经营为基础发展专业大户、家庭农场，就需要通过流转土地经营权来扩大规模。按照中央的要求，依法赋予农民更加充分、更有保障的土地承包经营权，现有土地承包形成的全部权利义务关系保持稳定。

农村土地承包经营权流转是随着农村劳动力转移而出现的必然现象，反映了农地合理利用和优化配置的客观要求，适度规模经营、提高农地利用率和劳动生产率具有重要作用，是发展专业大户、家庭农场的必要条件。

近些年来，随着农村劳动力大规模转移，土地流转速度明显加快。到 2012 年底，全国土地承包经营权流转面积达到 2.7

亿亩，占到总承包（合同）面积的 21.5%。

专业大户、家庭农场在土地流转过程中，要依法办理土地经营权流转手续，使流转的土地有一个稳定的经营预期，才能保证经营土地的稳定性和可持续利用。

由于对专业大户没有户籍和雇工方面的限制，其经营规模的上限没有规定。而对于专业大户、家庭农场，因为要求以家庭成员为主要劳动力，就有一个适度经营规模的问题。

小贴士　土地流转要求

2013 年中央一号文件在土地流转方面有以下 5 点要求：一是必须坚持依法自愿有偿的原则，尊重农民的主体地位。农户是土地承包经营主体，不能限制或强制农民流转承包土地。土地流转不得搞强迫命令，确保不损害农民利益、不改变土地用途、不破坏农业综合生产能力。二是鼓励和支持承包土地向专业大户、家庭农场、农民合作社流转，发展多种形式的适度规模经营。三是探索建立严格的工商企业租赁农户承包地准入和监管制度。四是结合农田基本建设，鼓励农民采取互利互换方式，解决承包地块细碎化问题。五是规范流转程序，逐步健全县、乡、村三级服务网络，强化信息沟通、政策咨询、合同签订、价格评估等流转服务。

（二）量力而行确定生产规模

小贴士　种养大户标准

我国调查种养大户标准：经营耕地面积在 50 亩以上，年出栏生猪 50 头以上，年存栏 500 只以上蛋鸡或年出栏 2 000 只以上肉鸡，年存栏奶牛 10 头以上。

【经典案例】

江苏省粮食生产适度规模经营标准

江苏省农业委员会根据该省资源禀赋和农业经济发展特点，就粮食生产适度规模经营标准进行了研究。他们认为，专业农户从事粮食生产的合理规模，应使专业大户、家庭农场家庭平均预期收入与城镇居民平均收入水平相当；其下限是专业农户种植粮食获得的家庭收入不低于当地农村家庭平均收入水平；而专业大户、家庭农场规模的上限，应统筹考虑经济效益和社会效益，以高于城镇居民家庭人均收入的1倍左右为宜。

根据江苏省的情况，按苏南、苏中、苏北不同经济水平，分别测算出粮食生产适度最优规模定量值和规模区间。苏南、苏中、苏北合理规模定量值分别为116亩、108亩、70亩；适度规模区间分别为56~285亩、51~195亩、35~162亩。

（资料来源：江苏省农业委员会农村经济体制与经营管理处，《关于构建型农业经营体系情况汇报》，2013年4月9—13日农业部农业经营体制机制创新专题研究班上的交流材料）

农业农村部组织专家以水稻、小麦、玉米生产为例，假设南方每年两季、北方每年一季，对不同条件下适度规模的目标值进行了测算。当前条件下的适度规模，北方地区为120亩，南方地区为60亩。各地根据本地的实际情况一般都有具体的规定。

（三）懂技术还要善经营会管理

与传统农户相比，专业大户、家庭农场的一个显著特点是集约经营。所以，经营者应做到懂技术、善经营、会管理，这样才能把地种好，把畜禽养好，增加经济收入。

【经典案例】

懂技术、善经营，才能有个好收成

福建省福清市的陈先生，2012年租赁经营土地564亩，其中，200亩交由浙江人种西瓜，364亩由自己直接耕种。浙江农民共雇用了5个人，其中有2个是从浙江请过来的技术人员，有3个人是在本地找的临时工，有专业的技术人员，这样技术就有了保障。

364亩土地由陈先生家里人负责耕种。先种一季早稻，早稻收割完后再种蔬菜。在早稻时，种子从市场上购买；翻耕土地找机耕服务队，每亩100元，一天能翻耕30亩左右；插秧找当地农民，每亩130元；施用的化肥由农资公司送货上门，然后在当地找人施肥，每天人工费80元；病虫害防治，雇工进行统防统治；机械收割每亩付费60元；稻谷直接卖给当地大米加工厂。据陈先生推算，2012年一亩水田单季水稻产量550千克，每100千克售价260元，亩收入1 430元，扣除包括人工、地租、种子、化肥等生产性费用800~900元，每亩纯利润为400~500元。种植蔬菜主要靠雇用工人，到了蔬菜收割季节，会有很多外地人来收购，或直接卖给当地的蔬菜收购公司。

（资料来源：农业农村部农村经济研究中心提供的调研案例）

（四）认证登记与做好生产记录

专业大户、家庭农场是在家庭承包经营的基础上发展起来的。

如果专业大户、家庭农场是经过登记的企业法人，应有独立的企业台账，做好财务收支记录；如果只是经过认定的自然法人，虽然没有严格的财务管理规定，做好财务记录对于成本核算也是有好处的。做好生产记录，是了解生产过程、开展农产品质量追溯的基础。你的产品好不好，生产过程是否符合标准化生产的要求，往往要通过生产记录来证明。同时，完整的生产记录有利于总结经验，发现问题也好查找出来。

（五）合适的市场与对路的产品

专业大户、家庭农场，绝大多数是一业为主，而且生产的农产品比较稳定，受农产品市场和价格影响较大。因此，应当立足当地的自然资源和市场优势，生产适销对路的农产品。如果是特种种植或者养殖产业，一定要做好市场调查，防止生产出来的产品卖不出去。即使是当地习惯生产的农产品，也会出现市场风险。

【经典案例】

生产适销对路的农产品很关键

福清市的种植大户陈先生，2013年上半年种植了184亩莴笋，到收割时由于市场行情不好，他生产的莴笋市场价格只有9分钱一斤，最后没有办法，只好用机器把所有莴笋都打烂在地里作为肥料。之所以要把莴笋打烂在地里，是因为卖莴笋所得的收入还不够收获时雇用劳动力的人工费用，更不用说折抵其他生产费用。据他测算，2013年上半年生产莴笋，每亩损失高达3 300元，共计损失约60万元。

（资料来源：农业农村部农村经济研究中心提供的调研案例）

陈先生种植莴笋只是等人来收购或者卖给当地的蔬菜收购公司，并没有想到今年行情不好，卖不出去。这个例子说明，生产前应主动了解市场信息，最好与经销商、超市等签订销售协议，有了订单，心里更踏实。

（六）生产过程需要分工合作

随着现代农业发展和家庭经营规模扩大，许多专业大户、家庭农场不仅需要雇用长期工，还需要雇用短期工。特别是大田粮食作物有季节性，农忙时人手不够的现象很普遍。近年来，农忙季节临时雇工非常困难，且价格不断上涨。因此，充分利用农民合作社和各类农业社会化服务组织，把一家一户办不了或者办起来不划算的事，通过社会化分工，由各类服务组织去做，是一个既省力又省钱的办法。

社会分工是提高工作效率的重要组织形式。发展生产大户和专业大户、家庭农场，也是我国实现农业生产专业化、规模化的重要途径。因此，我们要认识到小而全、自给半自给小农生产模式的局限性，培养合作意识，家庭成员要合理分工，明确工作目标和责任，还要在生产过程中充分利用社会资源，提高工作效率和经济效益。

第三节　农民合作社

一、农民专业合作社的性质及作用

（一）民办民管民受益

农民专业合作社是在农村家庭承包经营基础上，同类农产品的生产经营者或者同类农业生产经营服务的提供者、利用者，自愿联合、民主管理的互助性经济组织。以其成员为主要服务对象，提供农业生产资料的购买，农产品的销售、加工、运输、贮藏以及与农业生产经营有关的技术、信息等服务。合作社成员以农民为主体，以为成员服务为宗旨，成员地位平等，实行民主管理，谋求全体成员的共同利益，盈余主要按照成员与农民专业合作社的交易量（额）比例返还。所以，农民专业合作社是"民办民管民受益"。

【经典案例】

北京绿菜园蔬菜专业合作社

北京延庆康庄镇小丰营村很早就有种菜的习惯，因为没有统一组织，大家种菜都是"跟着感觉走"，种什么的都有，怎么种的都有。种菜的规模上不去，产品没有标准、没有特色，只能卖给一些小商小贩，始终卖不了好价钱。

2007 年，村民赵玉忠组织农民成立了北京绿菜园蔬菜专业合作社。合作社从建立农资门市部入手，统一采购农资，为社员提供农资、技术、销售服务，受到了大家的普遍欢迎。2009 年，该村建成了 300 亩蔬菜大棚，委托合作社统一进行经营管理。

有了大棚怎么办，大家又要一起种菜吗？这引起了不少社员的怀疑。上了点年纪的社员说，可不能再像以前生产队那样，干多干少一个样，干好干坏一个样，出工不出力，个个磨洋工。大伙儿合计，大棚还必须社员自己种，合作社给社员统一提供种子、菜苗、肥料、生物农药。合作社卖完菜扣除成本后，统一再提取10%作为公积金和公益金，30%归合作社，社员拿走60%。合作社一年中赚的钱60%按社员蔬菜交易量返还，剩下的40%根据每个社员的出资额进行分配。这样，大伙儿算是真正"绑"在了一块。

合作社专门聘请了管理和技术人员，并在质量管理上严格实行标准化生产制度、生产监测制度、产品检测制度、产品追溯制度。合作社注册了"北菜园"商标。在北京城区、延庆的15个居民小区安装了20台智能配送柜，平均每天可以卖出500多千克菜。此外，还通过网上下单、付款、送菜上门的方式，向消费者提供新鲜、安全的产品。2012年网上卖了46 500多千克蔬菜，收入74万元。

（资料来源：赵玉忠. 合作社让我们种出放心菜卖出好价钱. 中国农民合作社，2012年第8期）

（二）做一家一户做不了的事

我国农户承包经营的土地规模小，平均每户只有七八亩地。许多事情一家一户做不了，或者做起来不划算。

农民专业合作社的发展，提高了农民的组织化程度，为农业机械化提供了条件。为解决这个难题找到了一条途径。据农业农村部统计，截至2011年年底，农民专业合作社转入的土地面积达3 055万亩，占全国耕地流转总面积的13.4%。

许多地方成立了农机专业合作社，为农户提供耕种、病虫害防治、收获等生产服务。

（三）保护农民合法的承包权

据国家统计局信阳调查队范宝良对100个农户进行的土地承包经营权流转意向问卷调查，80%的农户虽然愿意流转土地承包经营权，但即使在有利益补偿或完善的社会保障的情况下，愿意放弃土地的农户只有 40%。而在没有利益补偿的情况下，即使已经在城市工作和生活的农民工也不愿放弃土地权益。

二、农民专业合作社的权利

根据《中华人民共和国农民专业合作社法》（以下简《农民专业合作社法》）第十六条的规定，农民专业合作社的成员享有以下权利。

1. 享有表决权、选举权和被选举权

参加成员大会，并享有表决权、选举权和被选举权，按照章程规定对本社实行民主管理。

（1）参加成员大会。这是成员的一项基本权利。成员大会是农民专业合作社的权力机构，由全体成员组成。农民专业合作社的每个成员都有权参加成员大会，决定合作社的重大问题，任何人不得限制或剥夺。

（2）行使表决权，实行民主管理。农民专业合作社是全体成员的合作社，成员大会是成员行使权力的机构。作为成员，有权通过出席成员大会并行使表决权，参加对农民专业合作社重大事项的决议。

（3）享有选举权和被选举权。理事长、理事、执行监事或者监事会成员，由成员大会从本社成员中选举产生，依照《农民专业合作社法》和章程的规定行使职权，对成员大会负责。所有成员都有权选举理事长、理事、执行监事或者监事会成员，也都有资格被选举为理事长、理事、执行监事或者监事会成员，但是法律另有规定的除外。在设有成员代表大会的合作社中，成员还有权选举成员代表，并享有成为成员代表的被选举权。

2. 利用本社提供的服务和生产经营设施

农民专业合作社以服务成员为宗旨，谋求全体成员的共同利益。作为农民专业合作社的成员，有权利用本社提供的服务和本社置备的生产经营设施。

3. 按照章程规定或者成员大会决议分享盈余

农民专业合作社获得的盈余依赖于成员产品的集合和成员对合作社的利用，本质上属于全体成员。可以说，成员的参与热情和参与效果直接决定了合作社的效益情况。因此，法律保护成员参与盈余分配的权利，成员有权按照章程规定或成员大会决议分享盈余。

4. 知情权

查阅本社的章程、成员名册、成员大会或者成员代表大会记录、理事会会议决议、监事会会议决议、财务会计报告和会计账簿成员是农民专业合作社的社员应有的权利，对农民专业合作社事务享有知情权，有权查阅相关资料，特别是了解农民专业合作社经营状况和财务状况，以便监督农民专业合作社的运营。

5. 章程规定的其他权利

章程在同《农民专业合作社法》不抵触的情况下，还可以结合本社的实际情况规定成员享有的其他权利。

三、农民专业合作社的义务

农民专业合作社在从事生产经营活动时，为了实现全体成员的共同利益，需要对外承担一定的义务，这些义务需要全体成员共同承担，以保证农民专业合作社及时履行义务和顺利实现成员的利益。

根据《农民专业合作社法》第十八条的规定，农民专业合作社的成员应当履行以下义务。

1. 执行成员大会、成员代表大会和理事会的决议

成员大会和成员代表大会的决议，体现了全体成员的共同意志，成员应当严格遵守并执行。

2. 按照章程规定向本社出资

明确成员的出资通常具有两个方面的意义。一是以成员出

资作为组织从事经营活动的主要资金来源。二是明确组织对外承担债务责任的信用担保基础。但就农民专业合作社而言，因其类型多样，经营内容和经营规模差异很大，所以，对从事经营活动的资金需求很难用统一的法定标准来约束。而且，农民专业合作社的交易对象相对稳定，交易人对交易安全的信任主要取决于农民专业合作社能够提供的农产品，而不仅仅取决于成员出资所形成的合作社资本。由于我国各地经济发展的不平衡，以及农民专业合作社的业务特点和现阶段出资成员与非出资成员并存的实际情况，一律要求农民加入专业合作社时必须出资或者必须出法定数额的资金，不符合目前发展的现实。因此，成员加入合作社时是否出资以及出资方式、出资额、出资期限，都需要由农民专业合作社通过章程自己决定。

3. 按照章程规定与本社进行交易

农民加入合作社是要解决在独立的生产经营中个人无力解决、解决不好，或个人解决不合算的问题，是要利用和使用合作社所提供的服务。成员按照章程规定与本社进行交易既是成立合作社的目的，也是成员的一项义务。成员与合作社的交易，可能是交售农产品，也可能是购买生产资料，还可能是有偿利用合作社提供的技术、信息、运输等服务。成员与合作社的交易情况，按照《农民专业合作社法》第三十六条的规定，应当记载在该成员的账户中。

4. 按照章程规定承担亏损

由于市场风险和自然风险的存在，农民专业合作社的生产经营可能会出现波动，有的年度有盈余，有的年度可能会出现亏损。合作社有盈余时分享盈余是成员的法定权利，合作社亏损时承担亏损也是成员的法定义务。

5. 章程规定的其他义务

成员除应当履行上述法定义务外，还应当履行章程结合本社实际情况规定的其他义务。

第四节　社会化服务组织

一、农业社会化服务的概念

农业社会化服务是指与农业相关的社会经济组织，为满足农业生产的需要，为农业生产的经营主体提供的各种服务。它是运用社会各方面的力量，使经营规模相对较小的农业生产单位，适应市场经济体制的要求，克服自身规模较小的弊端，获得类似大规模生产效益的一种社会化的农业经济组织形式。

二、农业社会化服务的发展

从新中国成立初期至改革开放前的30年间，我国就已经建立了农业社会化服务体系，并初步形成了"体制内循环"的农业服务组织类型。到20世纪70年代末，全国已普遍建立了"四级（县、公社、生产大队、生产队）农科网"，农业社会化服务体系的组织架构初步形成。这时期的农业社会化服务体系建设，由于服务主体和形式的单一以及计划经济条件下农产品的统购统销，服务的内容和形式往往缺乏弹性，经营缺乏活力和可持续性，服务组织沦为农业生产部门分工的附属机构。到改革开放前期，随着人民公社的解体，农业社会化服务组织再一次受到冲击，不少地方的农业社会化服务组织更是面临"网破、线断、人散"的局面。国家把农业社会化服务作为稳定农村农业生产的重要措施，开始着手对农业社会化服务的组织建设进行调整，一大批新的服务组织主体应运而生并迅速发展。

改革开放以来的30年，随着人民公社的逐渐解体和市场经济的快速发展，特别是随着农业商品化和专业化程度的提高，农村开始实行以家庭承包责任制为基础的双层经营体制，农户重新成为农业经营发展的基本单位。由于农村人多地少，农户的平均经营规模很小，加之农村市场经济体制的建立，农业的进一步发展迫切要求大力发展农业社会化服务体系，以克服家庭经营的弊端，推进农业的现代化。

一是农业社会化服务组织出现了向多元化服务主体方向发展的趋势，即由改革前的国家涉农相关服务机构一家独办，向现在的多渠道、多元服务主体共办转变。随着改革开放后农村生产力的发展、农业服务需求和供给的扩大，各种服务主体也有了较快的发展。目前，国家兴办的农业服务组织已成为一个庞大的队伍，开始逐渐打破原有部门或行业垄断的界限，建立综合性的合作服务组织。各地不断探索和形成适应当地社会经济发展水平的服务组织主体和方式。另外，服务主体和服务对象的经济关系由无偿服务，到逐步向以市场机制为主的有偿和无偿服务并存发展。

二是农业社会化服务组织的主体层次从上到下逐步延伸，由 20 世纪 50 年代初的县级到乡镇级，再发展到目前的行政村一级。农业的公共产品特性决定了农业社会化服务体系建设的公益性，而我国政府已将农业的社会化服务体系作为实施科教兴农战略的重要载体和实现农业市场化、国际化的重要依托力量。尤其是在中国加入 WTO 后，政府基于农业的"绿箱政策"更是将发展为农民提供无偿或低偿服务的农业社会化服务体系，作为政府管理服务的一项重要的公益职能和职责。在国家力量的主导下不仅在乡镇一级设立农技站、农机站、林业站、畜牧兽医站等，提供以良种供应、技术推广、气象信息和科学管理为重点的服务，而且在村级集体经济组织开展以统一机耕、运输、排灌、植保、收割等为主要内容的服务。

三是在经济所有制性质上，由单一的政府涉农部门所组成的公有制经济成分向个体服务、私营服务等多种经济成分并存转化。一些农村地区性的服务经济组织为了加强统一服务和自我完善，兴办具有混合性质的社会化服务组织，进行横向的经济联合，由国营、集体、个体多种经济成分一起投资联办服务组织。

三、农业社会化服务的作用

(一) 有利于提升农民的市场竞争力，增加农民收入

农村实行家庭联产承包责任制后，一家一户的分散经营成了农村经济运行的主要方式。这种生产经营方式虽然有利于调动农民生产积极性，但生产规模小、生产标准化水平低、产品交易成本高、抵御市场风险和自然风险的能力较弱。把分散的一家一户的小规模经营纳入社会大生产的轨道，实现与大市场相衔接，最好办法就是建立覆盖全程、综合配套、便捷高效的社会化服务体系。

(二) 有利于农业生产发展

分散的一家一户式的经营状态不利于科技投入、农业科技产业化的实现、农业基础设施建设，不利于农业生产发展和农业现代化的实现。通过社会化服务组织的引导，各种农业生产要素可以通过各种形式形成适度规模化生产。

(三) 有利于巩固农业基础地位，推进农业现代化的实现

提高农业比较效益，既要依靠科学技术提高单位面积产出率，又要通过产业链的延伸，发展农副产品加工、贮藏、运输业，实现农副产品的转化增值，使农业发展成为高效益的产业。通过农业社会化服务体系，有效地把各种现代生产要素注入农业生产经营中，不断提高农业的特种技术装备水平，促进农业的适度规模经营，逐步提高农业生产的专业化、商品化和社会化。

四、农业社会化服务体系的构成

农业社会化服务组织可分为以下 4 类。

(一) 与农业相关的社会经济组织

包括政府公共服务体系，如提供基础设施建设的服务体系，提供资金投入的服务体系，提供信息服务、提供政策和法律服务等；提供技术推广的服务体系，主要有农技站、林业站、农

机站等以良种供应、技术推广和科学管理为重点的、提供公益性服务的组织。

（二）村集体经济组织

制度设计的主要职能是统一购销种子、化肥等服务，统一机耕、机翻、机播等作业服务以及一定的社区公益事业服务等。

（三）与农业生产者处于平等地位的服务组织

它们一般以自身利益最大化为目标，为农民提供运输、加工、销售等方面的有偿服务。

（四）农业生产者的自发组织

各类专业合作社、专业协会和产销一体化的服务组织。

第四章 农业生产关键性实用知识

第一节 土壤耕地的关键性知识

一、土壤的基本组成

土壤是由固体、液体和气体三相物质组成的疏松多孔体，固相物质包括土壤的矿物质、有机质和生活在土壤中的生物，占土壤总体积的 50% 左右；在固体物质之间存在着大小不同的孔隙，占据土壤总体积的另一半，孔隙里充满着空气和水分，两者互为消长，水多气少，水少则气多。

（一）土壤矿物质

土壤矿物质是土壤中所有固态无机物质的总和，它全部来源于岩石矿物的风化。按其来源和成因，可分为两类，即原生矿物和次生矿物。

1. 原生矿物

原生矿物是指岩石中原来就有的，在风化过程中，没有改变成分和结构，只是遭到机械破坏而遗留下来的矿物，如石英、长石、云母、角闪石、橄榄石等。土壤中的原生矿物主要存在于沙粒、粉沙粒等较粗的土粒中。

2. 次生矿物

次生矿物是指原生矿物在风化作用过程中，经过一系列地球化学变化后所形成的新矿物。土壤的黏粒主要是由次生矿物组成，因此也称黏粒矿物。

次生矿物大体可分为两大类：一类铝硅酸盐类黏粒矿物，主要有高岭石、蒙脱石、伊利石；另一类是氧化物黏粒矿物，主要包括水化程度不同的铁和铝的氧化物及硅的水化氧化物，如三水铝石、针铁矿、褐铁矿等。

（二）土壤生物

土壤中生活着各种各样的生物，有动物、植物和微生物。土壤动物种类繁多，如蚯蚓、蚂蚁和昆虫等；土壤植物主要指其地下部分，包括植物根系和地下块茎等；土壤微生物具有个体小、数量大、种类多的特点，其种类根据形态可分为细菌、放线菌、真菌和原生动物等；根据需氧状况可分为好气性、嫌（厌）气性和兼气性；根据营养特点可分为自养型和异养型。

一般来说，土壤生物量越大，土壤越肥沃。通常土壤中微生物的生物量显著高于动物的生物量，所以土壤中微生物发挥着更重要的作用。

二、土壤管理

（一）用地选择

苗圃是培育苗木的场所，苗圃地的好坏直接影响到所育苗木的产量和质量。苗木苗圃用地所需要的条件通常有以下几个方面。

1. 苗圃的位置

首先要选择交通便利，靠近铁路、公路或水路的地方，以便于苗木和生产物资的运输。其次，苗圃地应设立在苗木需求中心，这样可以减少运输过程中苗木失水而导致的苗木质量降低。另外，还应该注意尽量远离污染源。

2. 地形地势

苗圃地应该选择背向向阳、排水良好、地势平坦的开阔地带，其坡度一般不应超过 3°，坡度过大容易造成水土流失，使土壤肥力下降。

3. 土壤

苗圃地土壤好坏直接影响着苗木的营养条件。选址要具有长期观念。根据作物生长周期的需要，选择深厚、肥沃和具有水浇条件的土壤，而荒地、板结、漏肥漏水或盐碱含量过重的土壤不宜选用。

苗木适宜生长于具有一定的肥力的沙质壤土或轻黏质土壤中。过于黏重的土壤的通气性和排水都不良，有碍其根系的生长，且雨后容易板结，过于干旱易龟裂，不仅耕作困难，而且冬季苗木冻拔现象严重；过于沙质的土壤疏松，肥力低，保水力差，夏季表土高温灼伤幼苗，移植时土球易松散。

土壤的酸碱度对苗木的生长影响很大，不同树种对酸碱度的适应范围不同，在培育苗木时必须考虑树种适生的 pH 值范围，一般针叶树种苗木适宜的 pH 值在 5~7；阔叶树种苗木适宜的 pH 值在 6~8。

（二）土壤耕作

耕地作为一种农事活动又叫做整地，是土壤耕作的主要环节。

1. 耕地深度

耕地的深度对耕地的各项效果有直接的影响。一般播种育苗，播种区的耕地深度以 20~25 厘米为宜；扦插苗、移栽苗因根系的分布较深，耕地深度以 25~35 厘米为宜。耕地的深度还要考虑气候和土壤条件，在气候干旱的条件下宜深，在湿润的条件下可浅些；土壤较黏的圃地宜深，沙土宜浅；秋耕宜深，春耕宜浅。

2. 耕地时间和季节

耕地一般在春、秋两季进行。土壤持水量在 40%~60%时为耕地最适宜时间。因为此时土壤可塑性、凝聚力、黏着力和阻力最小。土壤经深耕以后，若过于松散，其毛细管作用被破坏，根系吸水就困难，所以耕后必须适度镇压土壤。

（三）覆盖保墒

为了保蓄土壤水分，减少灌溉量，同时也防止水分蒸发引起的土壤板结，因此有必要采取覆盖措施。播种后用稻草等覆盖物进行覆盖，能保持土壤水分，防止板结，促使种子发芽整齐。尤其在北方地区，对于小粒种子的树种，除了灌足底水外，播后均应进行覆盖，以利出苗。

覆盖应就地取材，以经济实惠为原则。要注意不能引来病虫害，不妨碍灌水时水分渗入土壤；质量较轻，不会压坏幼苗又便于运输。一般只要稀疏的覆上一层覆盖物，使土面似见非见，就可起到良好的保墒作用。在种子发芽时，应注意及时撤除覆盖物，并进行松土，以保证苗床中的水分。

现用的覆盖材料有塑料薄膜、秸秆、稻草、苔藓、树木枝条以及腐殖质土和泥炭等。

（四）中耕除草

中耕除草可以疏松表层的土壤，减少土壤水分的蒸发，增加土壤的保水蓄水能力，促进土壤空气流通，提高土壤中有效养分的利用率，从而促进苗木根系的生长。

中耕除草，该工作主要集中于苗木生长的前期。松土，一般结合除草，在降雨和灌溉后及土壤板结的情况下进行。松土，一般每年4~6次，灌溉条件差应增加次数。松土深度以不伤苗木根系为原则。其方法如下。

（1）一般而言，针叶树苗，小苗宜浅；阔叶树苗，大苗宜深；株间宜浅，行间宜深。出苗初期，一般松土、盖土，以增强苗木的抗逆力。

（2）撒播苗及条播苗等，应在雨后旱前及灌溉、间苗、施肥、拔草等作业后，结合清沟，及时进行松土、盖土，以增强苗木的抗逆力。

一年中的深中耕通常结合施用基肥进行，以利于根系生长和树势恢复。

（五）合理灌溉

调节水分是播种管理的关键。土壤中有机物的分解，苗木对营养的吸收等都与土壤的水分有关。特别是在幼苗期，苗木对水分的要求极其严格，略有缺水即容易发生萎蔫现象，水分过多则易发生烂根，所以灌溉时要注意以下两个方面。

（1）土壤水分要适宜，过多过少都会影响苗木的生长发育。

（2）灌溉的时间、数量及次数，应根据不同树种的特性、苗木的生长期、土壤特点和气候条件等具体情况而确定。

常用的灌溉方法有地面灌溉、喷灌和滴管 3 种。

三、设施园艺土壤的管理

（一）设施栽培土壤的特性

园艺设施如温室、塑料大棚，一般温度较高，空气湿度大，气体流动性差，光照较差；而作物种植茬次多，生长期长，故施肥量大，根系残留量也较多，因而使得土壤环境与露地土壤很不相同，影响设施栽培植物的生长生育。将保护地土壤的特性与自然土壤和露地耕作土壤比较，其主要有以下特性。

1. 次生盐渍化

由于温室是一个封闭（不通风）的或半封闭（通风时）的空间，自然降水受到阻隔，土壤受自然降水自上而下的淋溶作用几乎没有，使土壤中积累的盐分不能被淋洗到地下水中。

又由于室内温度高，作物生长旺盛，土壤水分自下而上的蒸发和作物蒸腾作用比露地强，根据"盐随水走"的规律，这也加速了土壤表层盐分的积聚。

此外，如果在施肥量超过植物吸收量时，肥料中的盐分在土壤中越聚越多，也会形成土壤的次生盐渍化。设施生产多在冬、春寒冷季节进行，土壤温度也比较低，施入的肥料不易分解和被作物吸收，也容易造成土壤内养分的残留。人们盲目认为施肥越多越好，往往采用加大施肥量的办法以弥补地温低、作物吸收能力弱的不足，结果适得其反。当其铵态氮浓度过高时，危害最大。由于设施土壤培肥反应比露地明显，养分积累进程快，所以容易发生土壤次生盐渍化，且土壤养分也不平衡，一些生产年限较长的温室或大棚，因养分不平衡，土壤中 N、P 浓度过高，导致 K 相对不足，Zn、Ca、Mg 也缺乏，所以温室番茄"脐腐"果高达 70%～80%，果实风味差，病害也多，这与土壤浓度障碍导致自身免疫力下降有关。

2. 有毒气体增多

在设施农业土壤上栽培植物时，栽培者会向土壤中施用大量铵态氮肥，由于室内温室较高，很容易使铵态氮肥气化而形成 NH_3，NH_3 浓度过高，会使植物茎叶枯死。在土壤内通气条件好时，氨于 1 周左右会氧化产生 NO_2，同时施入土壤中的硝态氮肥，如通气不良，也会被还原为 NO_2。NO_2 含量过高，植物叶片将会中毒，出现叶肉漂白，影响植物的正常生长。一般的测定方法为：用 pH 试纸在棚顶的水珠上吸收，若试纸显蓝色，说明设施内存在的气体为 NH_3；若试纸呈红色，则说明室内气体是 NO_2。此外，土壤中含有的硫和磷等物质在通气不良时会产生 H_2S、PH_3 等有害气体，也会对植物产生毒害作用。

3. 高浓度 CO_2

微生物分解有机质的作用和植物根系的呼吸作用会使室内 CO_2 显著提高，如其浓度过高，会影响室内 CO_2 的相对含量。但是 CO_2 可以提高土壤的温度，冬季也可为温室提高温度。CO_2 也是植物光合作用的碳源，可以提高植物光合作用的产量。

4. 病虫害发生严重

在设施生产中，设施一旦建成，就很难移动，连作的现象十分普遍，年复一年的种植同一种植物。加之保护地环境相对封闭，温暖潮湿的小气候也为病虫繁殖、越冬提供了条件，使设施地内作物的土传病害十分严重，类别较多，发生频繁，为害严重，使得一些在露地栽培可以消灭的病虫害，在设施内难以绝迹。例如，根际线虫在温室土壤内一旦发生就很难消灭，黄瓜枯萎病的病原菌孢子是在土壤中越冬的，设施土壤环境为其繁衍提供了理想条件，发生后也难以根治。过去在我国北方较少出现的植物病害，有时也在棚室内发生。

5. 土壤肥力下降

设施内作物栽培的种类比较单一，为了获得较高的经济效益，往往连续种植产值高的作物，而不注意轮作倒茬。久而久之，使土壤中的养分失去平衡，某些营养元素严重亏缺，而某些营养元素却因过剩而大量残留于土壤中，露地栽培轮作与休闲的机会多，上述问题不易出现。设施内土壤有机质矿化率高，N 肥用量大，淋溶又少，所以残留量高。调查结果表明，使用 3~5 年的温室的表土的盐分可达 200 毫克/千克以上，严重的达 1~2 克/千克，已达盐分危害浓度低限（2~3 克/千克）。设施内土壤全 P 的转化率比露地高 2 倍，对 P 的吸附和解吸量也明显高于露地，P 大量富集（可达 1 000 毫克/千克以上）。最后导致 K 的含量相对不足，K 失衡，这些都对作物生育不利。

由于保护地内不能引入大型的机械设备进行深耕翻，少耕、免耕法的措施又不到位。连年种植会导致土壤耕层变浅，发生板结现象，团粒结构破坏、含量降低，土壤的理化性质恶化，并且由于长期高温高湿，有机质转化速度加快，土壤的养分库存数量减少，供氮能力降低，最终使土壤肥力严重下降。

（二）设施土壤管理

设施土壤管理的首要问题是整地。整地一般要在充分施用有机肥的前提下，提早并连续进行翻耕、灌溉、耙地、起垄和镇压等各项作业，有条件的最好进行秋季深翻。整地做畦最好能做成"圆头形"，也就是畦或垄的中央略高，两边呈缓坡状而忌呈直角，这样有利于地膜覆盖栽培。畦或垄以南北方向延长为宜。当畦或垄做好后，不要随意踩踏。畦或垄的高度一般条件下为 10~15 厘米，过高影响灌水，不利于水分横向渗透。在较干旱的大面积地块中，应该在畦或垄分段打埂，以便降雨时蓄水保墒。整地时，土壤一定是细碎疏松，表里一致。畦或垄做好后要进行一两次轻度镇压，使表里平整，有利于土壤毛细管水和养分上升。

在保护地栽培条件下，可以通过以下几种方式对土壤进行改良和培肥。

1. 改善耕作制度

换土、轮作和基质栽培是解决土壤次生盐渍化的有效措施之一，但是劳动强度大不易被接受，只适合小面积应用。轮作或休闲也可以减轻土壤的次生盐渍化程度，达到改良土壤的目的，如蔬菜保护设施连续施用几年以后，种一季露地蔬菜或一茬水稻，对恢复地力、减少生理病害和病菌引起的病害都有显著作用。

当设施内的土壤障碍发生严重，或者土传病害泛滥成灾，常规方法难以解决时，可采用基质栽培技术，使得土壤栽培存在的问题得到解决。

2. 改良土壤理化性质

连年种植导致土壤耕层变浅，发生板结现象，团粒结构被破坏，可通过土壤改良提高理化性质，主要有以下几种方法。

（1）植株收获后，深翻土壤，把下层含盐较少的土翻到上层与表土充分混匀。

（2）适当增施腐熟的有机肥，以增加土壤有机质的含量，增强土壤通透性，改善土壤理化性状，增强土壤养分的缓冲能力，延缓土壤酸化或盐渍化过程。

（3）对于表层土含盐量过高或 pH 值过低的土壤，可用肥沃土来替换。

（4）经济技术条件许可者可开展无土栽培、基质栽培。

3. 以水排盐

合理灌溉降低土壤水分蒸发量，有利于防止土壤表层盐分积聚。设施栽培土壤出现次生盐渍化并不是整个土体的盐分含量高，而是土壤表层的盐分含量超出了作物生长的适宜范围。土壤水分的上升运动和通过表层蒸发是使土壤盐分积聚在土壤表层的主要原因。灌溉的方式和质量是影响土壤水分蒸发的主要因素，漫灌和沟灌都将加速土壤水分的蒸发，易使土壤盐分表层积聚。滴灌和渗灌是最经济的灌溉方式，同时又可防止土壤下层盐分向表层积聚，是较好的灌溉措施。近几年，有的地区采用膜下滴灌的办法代替漫灌和沟灌，对防治土壤次生盐渍化起到了很好的作用。闲茬时，浇大水，使表层积聚的盐分下淋以降低土壤溶液浓度。或夏季换茬空隙，撤膜淋雨或大水浸灌，使土壤表层盐分随雨水流失或淋溶到土壤深层。

4. 科学施肥

平衡施肥减少土壤中的盐分积累，是防止设施土壤次生盐渍化的有效途径。过量施肥是蔬菜设施土壤盐分的主要来源。目前我国在设施栽培尤其是蔬菜栽培上盲目施肥现象非常严重，化肥的施用量一般都超过蔬菜需要量的1倍以上，大量的剩余养分和副成分积累在土壤中，使土壤溶液的盐分浓度逐年升高，土壤发生次生盐渍化，引起生理病害。要解决此问题，必须根据土壤的供肥能力和作物的需肥规律，进行平衡施肥。

配方施肥是设施园艺生产的关键技术之一，我国园艺作物配方施肥技术研究要远远落后于大田作物，设施栽培中，花卉与果树配方施肥更少有研究，设施配方施肥技术研究正处于起步阶段，一些用于配方施肥的技术参数还很缺乏。

增施有机肥，施用秸秆能降低土壤盐分含量。设施内宜施用有机肥，因为其肥效缓慢，腐熟的有机肥不易引起盐类浓度上升，还可改进土壤的理化性状，使其疏松透气，提高含氧量，对作物根系有利。设施内土壤的次生盐渍化与一般土壤盐渍化的主要区别在于盐分组成，设施内土壤次生盐渍化的盐分是以硝态氮为主，硝态氮占到阴离子总量的50%以上，因此降低设施土壤硝态氮含量是改良次生盐渍化土壤的关键。

施用作物秸秆是改良土壤次生盐渍化的有效措施，除豆科作物的秸秆外，其他禾本科作物秸秆的碳氮比都较大，施入土壤以后，在被微生物分解过程中，其能争夺土壤中的氮素。据研究，1克没有腐熟的稻草可以固定12~22毫克无机氮。在土壤次生盐渍化不太重的土壤上，每亩施用300~500千克稻草较为适宜。在施用以前，先把稻草切碎，长度一般应小于3厘米。施用时间要均匀地翻入土壤耕层。也可以施用玉米秸秆，施用方法与稻草相同。施用秸秆不仅可以防止土壤次生盐渍化，而且还能平衡土壤养分，增加土壤有机质含量，促进土壤微生物活动，降低病原菌的数量，减少病害。

根据土壤养分状况、肥料种类及植物需肥特性，确定合理的施肥量和施肥方式，做到配方施肥。控制化肥的施用量，以施用有机肥为主，合理配施氮、磷、钾肥。化学肥料做基肥时要深施并与有机肥混合施用，作追肥要"少量多次"，以缓解土壤中的盐分积累。也可以抽出一部分无机肥进行叶面喷施，即不会增加土壤中盐分含量，又经济合算。

5. 定期进行土壤消毒

土壤中有病原菌、害虫等有害生物和微生物，也有硝酸细菌、亚硝酸细菌和固氮菌等有益生物。正常情况下这些微生物在土壤中保持一定的平衡，但连作时，由于作物根系分泌物质的不同或病株的残留，引起土壤中生物条件的变化打破了平衡状况，造成连作的危害。因设施栽培有一定空间范围，为消灭病原菌和害虫等有害生物，可以进行土壤消毒。

（1）药剂消毒。根据药剂的性质，有的需灌入土壤中，也有的晒在土壤表面。使用时应注意药品的特性，以几种常用药剂为例加以说明。

①甲醛（40%）。甲醛用于温室或温床床土消毒，可消灭土壤中的病原菌，同时也杀死有益微生物，施用浓度为50~100倍。使用时先将温室或温床内土壤翻松，然后用喷雾器均匀喷洒在地面上再稍翻一番，使耕作层土壤都能沾着药液，并用塑料薄膜覆盖地面保持2天，使甲醛充分发挥杀菌作用以后揭膜，打开门窗，使甲醛散发出去，两周后才能使用。

②硫黄粉。硫黄粉用于温室及苗床土壤消毒，可消灭白粉

病菌和红蜘蛛等。一般在播种后或定植前 2~3 天进行熏蒸，熏蒸时要关闭门窗，熏蒸一昼夜即可。

③氯化苦。氯化苦主要用于防治土壤中的线虫。将苗床土壤堆成高 30 厘米的长条，宽由覆盖薄膜的幅度而定，每 30 厘米注入药剂 3~5 毫升至地面下 10 厘米处，之后用薄膜覆盖 7 天（夏）或 10 天（冬），以后将薄膜打开放风 10 天（夏）或 30 天（冬），待没有刺激性气味后再使用。本药剂施用后也同时杀死硝化细菌，抑制氨的硝化作用，但在短时间内即能恢复。该药剂对人体有毒，使用时要开窗，使用后密封门窗保持室内高温，能提高药效，缩短消毒时间。

上述 3 种药剂在使用时都需提高室内温度，土壤温度达到 15~20℃，10℃以下不易气化，效果较差。采用药剂消毒时，可使用土壤消毒机，土壤消毒机可使液体药剂直接注入土壤到达一定深度，并使其汽化和扩散。面积较大时需采用动力式消毒机，按照其运作方式有犁式、凿刀式、旋转式和注入棒式 4 种类型。其中，凿刀式消毒机是悬挂到轮式拖拉机上牵引作业的。作业时凿刀插入土壤并向前移动，在凿刀后部有药液注入管将药液注入土壤之中，而后以压土封板镇压覆盖。与线状注入药液的机械不同，注入棒式土壤消毒机利用回转运动使注入棒上下运转，以点状方式注入药液。

（2）高温法消毒。

①蒸汽消毒。蒸汽消毒是土壤热处理消毒中最有效的方法，它是以消灭土壤中有害微生物为目的。大多数土壤病原菌用 60℃蒸汽消毒 30 分钟即可杀死。但对于 TMv（烟草花叶病毒）等病毒，其需要 90℃蒸汽消毒 10 分钟。多数杂草种子需要 80℃左右的蒸汽消毒 10 分钟才能杀死。土壤中除病原菌之外，还存在很多氨化细菌和硝化细菌等有益微生物，若消毒方法不当，也会引起作物生育障碍，必须掌握好消毒时间和温度。

蒸汽消毒的优点是：a. 无药剂的毒害；b. 不用移动土壤，消毒时间短、省工；c. 通气能形成团粒结构，提高土壤通气性、保水性和保肥性；d. 能使土壤中不溶态养分变为可溶态，促进有机物的分解；e. 能与加温锅炉兼用；f. 消毒降温后即可栽培作物。

土壤蒸汽消毒一般使用内燃式炉筒烟管式锅炉。燃烧室燃烧后的气体从炉筒经烟管从烟囱排出。在此期间传热面上受加热的水在蒸汽室汽化，饱和蒸汽进一步由燃烧气体加热。为了保证锅炉的安全运行，应以最大蒸发量要求设置给水装置，蒸汽压力超过设定值时安全阀打开，安全装置起作用。

在土壤或基质消毒之前，需将待消毒的土壤或基质疏松好，用帆布或耐高温的厚塑料布覆盖在待消毒的土壤或基质表面上，四周要密封，并将高温蒸汽输送管放置到覆盖物之下。每次消毒的面积与消毒机锅炉的能力有关，要达到较好的消毒效果，每平方米土壤每小时需要 50 千克的高温蒸汽。目前也有几种规格的消毒机，因有过热蒸汽发生装置，每平方米土壤每小时只需要 45 千克的高温蒸汽就可达到预期效果。根据消毒深度的不同，每次消毒时间的要求也不同。

②高温闷棚。在高温季节，灌水后关好棚室的门窗，进行高温闷棚杀虫灭菌。

（3）冷冻法消毒。把不能利用的保护地撤膜后深翻土壤，利用冬季严寒冻死病虫卵。

6. 种耐盐作物

种植田菁、沙打旺或玉米等吸盐能力较强的植物，把盐分集中到植物体内，然后将这些植物收走，可降低土壤中的盐害。蔬菜收获后种植吸肥力强的玉米、高粱、甘蔗和南瓜等作物，能有效降低土壤盐分含量和酸性，若土壤有积盐现象或酸性强，可选择耐盐力强的蔬菜如菠菜、芹菜、茄子、莴苣等或耐酸力较强的油菜、空心菜、芋头、芹菜，达到吸取土壤盐分，提高土壤 pH 值的目的。

第二节　水、肥、农药的关键性知识

一、肥料经营的基础知识

（一）肥料发展的历史

肥料的一般性概念是指以提供植物养分为其主要功效的物料，是可以向作物提供养分或改善作物生长环境的一些物质，作物直接吸收的养分是无机形态，即矿物质养分，作物不能直接吸收和利用有机物质。

肥料包括有机肥料和无机肥料。有机肥料一般是由动物、植物的残体或排泄物经过发酵而成；无机肥料也称化学肥料，主要是指由矿物质工业化生产的肥料，也就是通常所说的化肥。

我国既是有机肥料的使用大国，也是无机肥料的使用大国。我国还是世界上的化肥生产大国，年度产量和消费量均居世界首位。据 2007 年不完全统计，我国年度化肥表观消费量为 4 350 万~4 450万吨（折纯量），合实物量 1 亿吨左右，约合 2 000 多亿元，占世界化肥消费总量的 28%左右，而生产量占世界化肥生产量的 25%左右。目前，除钾肥之外，国内企业生产的肥料总量和品种基本能够满足国内需求，并且开始出口，这标志着我国从历史上的一个纯化肥进口国转变成为既有进口（钾肥）又有出口（氮肥、磷肥）的国家。

我国年消费有机肥料约为 20 亿吨（实物量），也是世界第一消费大国。世界化肥增长的速度很快，每 10 年生产量和消费量就会翻一番。20 世纪50—80 年代是迅速发展的时期。进入 21 世纪后，世界化肥的年消费量已达到 13 000 万吨（折纯量）左右。

（二）化肥商品学的基本概念

凡是在农业生产中施入土壤，能够提高土壤肥力，或用以处理作物种子及茎叶，供给作物养分，能增加作物产量和改进作物品质的一切物质都叫做肥料。在工厂中用化学方法合成或简单处理矿产品而制成的肥料叫做化肥。它包括氮肥、磷肥、钾肥、复合肥、微肥和其他矿质化学肥料。

目前，我国工业生产的化肥都属于商品范围。此外，菌肥、腐殖酸类肥料的某些品种也有作为商品出售的，而堆肥、厩肥、绿肥、海杂肥均属于农家肥，都是农民群众自产自用，不属于商品范围。

化肥商品学是以化肥商品质量为中心内容来研究化肥商品使用价值的一门学科。商品的质量是指商品在一定的使用条件下，适用于其用途所需要的各种特性的综合。也就是说，化肥商品有其用途、使用条件和使用方法，与此相关的属性，综合构成了这一商品的质量。

（三）化肥商品的特点

当前世界各种化肥商品品种繁多，规格各异，为了减少商品的流通时间和费用，从生产领域进入消费领域，充分发挥它的作用，就必须认识和掌握它的特点。化肥商品同农家肥料相比，具备以下特点。

1. 有效成分含量高

化学肥料和农家肥料不同，成分纯，有效成分含量高。化肥中的有效成分，是以其中所含的有效元素或这种元素氧化物的重量百分比来表示的，如氮肥是以所含氮元素的重量百分比来表示的；磷肥是以所含 P_2O_5 的重量百分比来表示。尿素含 N 量为 46%，1 千克尿素相当于人粪尿 70~80 千克。

2. 有酸碱反应

化肥有化学和生理酸碱反应之分。化学酸碱反应是指由肥料本身的化学性质引起的酸碱变化，如碳酸氢铵化学性质呈碱性反应，称为化学碱性肥料；过磷酸钙呈酸性反应，则称化学酸性肥料。生理酸碱反应是指施入土壤中的化肥经作物选择吸收后，剩余部分在土壤中导致的酸碱反应，如硫酸铵，NH_4^+ 被植物吸收利用后，残留的 SO_4^{2-} 导致生长介质酸度提高，这种肥料就称为生理酸性肥料。

3. 肥效发挥快

除少数矿物质化肥（如钙镁磷肥、磷矿粉等）难溶于水外，大多数化肥易溶于水，施到土壤里或进行根外追肥，能够很快被作物吸收利用，肥效快而显著。

4. 便于储运与施用

固体化肥一般为粉状或颗粒状，体积小而疏松，便于运输、保管和机械化施肥，即使是液体化肥，只要安排合理的商品流向，选择合适的运输工具，采用较好的储存容器和施用器械，也是便于储运和施用的。相反，农家肥料，无一定形状、规格，一般使用量大，成分也较复杂，除含水分外，还含有秸秆、杂草、炕土、垃圾和各种废弃物，因而储运和施用都不方便。

5. 养分单一

化肥的养分不如有机肥料齐全。

6. 用途广泛

有些化肥不仅能够供给作物需要的营养元素，而且还有杀虫、防病等其他功能，如氨水对蛴螬、蝼蛄等害虫有驱避和杀伤作用。

化学肥料也有不及农家肥的地方。首先，单独施用某种化肥过多过久，会改变土壤合适的酸碱度，破坏土壤的团粒结构。农家肥不仅所含的养分齐全，而且还含有丰富的有机质，可以增加土壤中的腐殖质，使土壤疏松和团粒化，提高土壤吸水保肥能力。其次，大多数化肥的适用对象有选择，如氯化铵不适用于烟草、甘蔗、甜菜等忌氯作物。而农家肥料则适用于任何作物和土壤。其三，化肥（除复合肥料外）养分单一，多数肥效不持久。而农家肥料养分齐全，肥效长，所含的多种营养元素和其他物质，在土壤微生物的分解作用下，能够较长时间内供给作物需要的养分。

正因为化学肥料和农家肥料各有优点和缺点，如果互相配合施用，就能取长补短，相得益彰。因此，今后在大力发展化学肥料生产的同时，还必须积极利用农家肥料，并不断地改进堆制方法和施用技术。

（四）化肥商品的分类

不同的分类方法，化肥的分类也不同，现将几种分类方法分别介绍如下。

1. 按肥料所含的营养元素分类

（1）氮肥。根据氮素存在的形态不同，可分为如下几类。

①铵态氮肥。氮素以铵离子（NH_4^+）形态存在，如碳酸氢铵、氯化铵等。

②硝态氮肥。氮素以硝酸根离子（NO_3^-）形态存在，如硝酸钠等。

③铵态—硝态氮肥。氮素以铵离子和硝酸根离子形态存在，如硝酸铵等。

④酰胺态氮肥。氮素以酰胺基形态存在，如尿素等。

⑤氰氨态氮肥。氮素以氰氨基（$N \equiv C—N =$）形态存在，如石灰氮等。

（2）磷肥。根据磷素在水中的溶解度不同，可分为水溶性磷肥，如过磷酸钙等；枸溶性磷肥，如钙镁磷肥等；难溶性磷肥，如磷矿粉等。

根据生产方法的不同，可分为酸法生产磷肥，如过磷酸钙等；热法生产磷肥，如脱氟磷肥、钙镁磷肥等；机械加工磷肥，如磷矿粉等。

（3）钾肥。目前常用的有氯化钾、硫酸钾、硝酸钾和窑灰钾肥等。

（4）复合肥料。按所含营养元素种类多少，可分为二元复合肥，即含有两种营养元素的化肥，如磷酸钾、硝酸钾等；三元复合肥，即含有 3 种营养元素的化肥，如硝磷钾、铵磷钾等；多元复合肥，即含有 3 种以上营养元素的化肥。

按生产方式的不同，又可分为合成复合肥，如硝酸磷肥等；混成复合肥，如氮钾混合肥，尿素—钾—磷混合肥等。

（5）微量元素肥料。一般常用的有硼肥、钼肥、铜肥和锌肥等。

2. 按肥料对作物生长起作用的方式分类

（1）直接肥料。直接肥料是指主要通过供应养分来促进作物生长发育的肥料，包括氮肥、磷肥、钾肥、复合肥和微量元素肥料等。

（2）间接肥料。间接肥料是指主要通过调节土壤酸碱度和改善土壤结构来促进作物生长发育的肥料，主要有石灰、石膏等。

3. 按肥料的化学性质分类

（1）酸性肥料。酸性肥料可分为化学酸性肥料和生理酸性肥料两类。化学酸性肥料，是指本身呈酸性反应的肥料，如过磷酸钙等；生理酸性肥料，是指作物通过选择性吸收一些离子之后，产生了酸，使土壤呈酸性反应的肥料，如氯化铵等。

（2）碱性肥料。碱性肥料可分为化学碱性肥料和生理碱性肥料两类。化学碱性肥料，是指本身呈碱性反应的肥料，如氨水等；生理碱性肥料，是指通过选择性吸收一些离子之后，能使土壤呈碱性反应的肥料，如硝酸钠等。

（3）中性肥料。中性肥料指既不是酸性，也不是碱性，施用后不会造成土壤发生酸性或碱性变化的肥料，如尿素等。

4. 按化肥的效力快慢分类

（1）速效肥料。如氮肥（石灰氮除外）、钾肥和磷肥中的过磷酸钙等。

（2）迟效肥料。如钙镁磷肥、磷矿粉等。

5. 其他分类

按肥料中有效成分含量的高低分为高效肥料和低效肥料。按化肥的物理状态的不同，分为固体化肥、液体化肥等。

（五）化肥商品的质量标准

1. 化肥商品质量标准的概念

化肥商品质量标准，是对于化肥商品的质量和有关质量的各方面（品种、规格、检验方法等）所规定的衡量准则，是化肥商品学研究的重要内容之一。

2. 化肥质量标准的基本内容

我国化肥商品质量标准通常由下列几部分组成。

（1）说明质量标准所适用的对象。

（2）规定商品的质量指标和各级商品的具体要求。化肥商品质量标准和对各类各级商品的具体要求，是商品标准的中心内容，是工业生产部门保证完成质量指标和商业部门做好商品采购、验收和供应工作的依据。掌握这些标准和要求，可以有效防止质量不合格的商品进入市场。化肥商品质量指标有以下几点具体内容。

①外形。品质好的化学肥料，如氮肥多为白色或浅色，松散、整齐的结晶或细粉末状，不结块，其颗粒大小因品种性质而异。

②有效成分含量。凡三要素含量（接近理论值）越高，品质越好。通常氮素化肥以含氮（N）量计算；氨水则以含（NH_3）计算；磷肥则以含五氧化二磷（P_2O_5）计算；钾肥以含氧化钾（K_2O）计算。均以百分数来表示。

③游离酸。游离酸含量越少越好，应尽可能减少到最低限度。

④水分。化肥中含水越少越好。

⑤杂质。杂质必须严格控制，因杂质的存在，不仅降低有效成分，而且施用后易造成植物毒害。

对于各级化肥商品的具体要求，应当以一般生产水平为基础，以先进水平为方向。既不宜过高，也不宜过低。过高使生产企业难以完成生产任务，过低则阻碍先进生产技术的发展。

（3）规定取样办法和检验方法。化肥商品质量标准所规定取样办法的内容是：每批商品应抽检的百分率；取样的方法和数量；取样的用具；样品在检验前的处理和保存方法。

检验方法是对于检验每项指标所做的具体规定。其内容包括：每一项指标的含义；检验所用的仪器种类和规格；检验所用试剂的种类、规格和配制方法；检验的操作程序，注意事项和操作方法；检验结果的计算和数据等。

（4）规定化肥商品的包装和标志及保管和运输条件。在化肥商品质量标准中，对于化肥商品的包装和标志都有明确的规定，如包装的种类、形态和规格；包装的方法；每一包装内商品的重量；商品包装上的标志（品名、牌号、厂名、制造日期、重量等）。

关于运输和保管，在化肥商品标准中也都规定了重点要求，如湿度、温度、搬运和堆存方法、检查制度、保存期限等，以防止商品质量发生变化。

3. 化肥商品质量标准的分级

化肥商品质量标准依其适用范围，分为国家标准、部颁标准（专业标准）、企业标准三级。该三级标准制定的原则：部颁标准不得与国家标准相抵触；企业标准不得与国家标准和部颁标准相抵触。企业标准在很多情况下，它的某些指标可以超过国家标准和部颁标准，而使其产品具有独特的质量特点。

（六）肥料与农业生产

肥料对农业生产的贡献可以简单地理解为：如果不使用肥料，粮食的产量有可能减少将近一半左右，肥料对农业生产的意义是举足轻重的，因此，肥料被称之为"粮食中的粮食"。肥料是农业生产的基础，是重要的农业生产资料。

肥料对农业生产的影响主要包括以下几个方面。

（1）肥料的产量对农业生产的影响，肥料的充足供应是农业生产的基本保证。因此，有计划地安排肥料生产是国家农业宏观经济调控的一项主要内容。

（2）肥料的质量对农业生产的影响，低质量的肥料会造成农作物的产量降低和土壤结构的破坏。

（3）肥料对农产品的质量和品质的影响，科学施用肥料可以提高农作物的品质，提高农产品的销售价格，比如钾肥的合理使用，中、微量元素肥料的合理使用，可以使农作物果实的口感更好并可延长储存时间。

（4）合理施肥与否会对农业生产的效益产生影响，不合理使用肥料，比如不正确选择肥料品种或者过量施肥，不但增加了农民的投入，还会使农产品的产量和商品价值下降，进而影响农民的收入。

（5）农民的施肥技术会对肥效产生影响，比如粗放施肥方式（撒施、施肥深度和位置不正确，无水条件施肥，错过合理施肥时间等）会影响肥料的利用率，进而影响作物的产量和品质，影响农民的种植性收益。

所以，化肥供应的数量、价格以及品种对农业生产的稳定性起着至关重要的作用，直接影响农产品的产量和品质以及农民的经济效益和收入，进而影响到国家粮食战略的安全。

（七）肥料市场的基本特征

1. 大市场

（1）肥料是大市场，是全国性的市场，只要有农业种植业生产的地方，就会有肥料市场。

（2）化肥是总量增长中的市场，每年以 5%～10% 的比例增长。

（3）肥料工业不是夕阳工业，需要更加细致的市场工作。目前农民的施肥技术水平还很低，需要科学指导，科学施肥的发展是肥料市场发展的基础。

（4）化学肥料产品需要更新换代，无机肥料的工业化发展是未来肥料工业发展的新亮点。

（5）肥料工业的发展具有良好的社会基础，国家将持续大力扶持农业发展，目前我国农业发展的潜力非常大，农业产业化发展前景无限。

2. 大流通

（1）肥料大流通是由客观因素造成的，比如资源分布不平衡、淡旺季不平衡、生产企业布局与消费区域不平衡。

（2）这种流通以铁路运输为主，公路、海路运输为辅。

（3）这种流通局面未来还要持续下去，但是布局有所改变，比如主要原料产品（原料加工生产企业）向资源地区集中，二次肥料加工企业向消费区域集中。

3. 区域竞争

（1）农业种植发达地区和肥料需求规模较大的区域将是竞争的主要目标，生产企业和大型流通企业将集中力量努力扩大和占有市场份额。

（2）这些区域的差异化趋势越来越明显，比如国家倡导的小流域经济建设开发、区域特色农业种植以及产业化发展，山东的寿光蔬菜、烟台苹果、济宁大蒜、安丘大姜、章丘大葱等种植区域已经形成。

（3）区域竞争带来营销的创新、产品的创新和服务的创新，进而影响肥料行业的健康发展。

4. 区域垄断

（1）名牌产品将努力形成区域垄断，比如国内名牌产品力求在区域形成稳定销量、稳定网络和稳定的消费群。

（2）区域内部营销网络竞争整合阶段过后，网络格局和新的垄断将形成，混乱局面将有所改变。

（3）这种垄断是新形式的、多元化的结构，更加具有竞争力，将主导市场的发展方向。

5. 模式营销

（1）肥料营销的竞争已经开始，产品产能过剩的局面已经形成。

（2）学习其他行业的营销，引进学科知识，竞争趋向知识化。

（3）模式营销将综合行业特点，成为开发市场的有效方式。

（4）肥料营销的模式化正在探索中。

6. 终端促销

（1）竞争的结果是营销的重心下移，企业行为越来越贴近消费者。

（2）终端促销目前仍然以零售商为中心，因此，零售商将成为促销的重点。

（3）通过零售商的促销，产品将越来越细化，逐步满足消费者的不同需求。

（八）国家对化肥的相关政策

1. 优惠政策

（1）电价优惠。目前对化肥生产企业生产性耗电，国家执行的是优惠电价，大约是普通工业用电的 50%，部分地区甚至更低。国家实行电价优惠，是为了保护化肥生产企业的稳定发展，有数据说明，如果国家取消电价优惠，化肥价格将大幅度增长。

（2）运费优惠。由于化肥的生产性资源地理分布不均衡，造成生产企业的布局也不均衡，所以化肥行业需要产品的大流通。国家对化肥的运价同样实行优惠，大约是普通物品运费价格的 50%。如果国家取消化肥的运价补贴，将打破化肥价格的平衡，部分没有肥料工厂和肥料资源的地区，化肥价格将会大幅度增长。

（3）税收优惠。化肥流通企业和生产企业都享受国家的税收优惠，除了企业所得税之外，实行多税种减免。由于农资本身就是微利行业，如果国家取消税收优惠政策，肥料行业的生存将受到影响。

2. 保护政策

（1）储备政策。进入市场经济以后，化肥的价格稳定受到各方面因素的影响，包括国际原油价格的变化，直接影响国内化肥价格的变化。为了稳定国内化肥市场的价格和保障化肥的季节性供应，国家实施化肥淡季储备政策，即以公开招标的方式，在各个区域实施化肥储备，起到了良好的效果。这种储备目前集中在尿素产品上，主要是因为尿素消费量大，农民认知度高，产品总体质量稳定，产品成本与价格容易控制，国家主管部门以及生产企业和流通企业操作便捷。如果国家取消储备政策，肥料的季节性涨价、区域之间的大流通以及部分企业的非正常谋利行为，将会使市场秩序受到严重影响，产生一系列负面作用，最终使农民种田的积极性受挫。

（2）贷款政策。国家通过专业银行实施对化肥流通企业、生产企业以及相关农产品加工企业的政策性贷款优惠，如农业发展银行的相关贷款优惠政策。

（3）资源保护。国家通过控制进出口、鼓励发展或控制审批生产企业来保护资源，地方政府则通过地方税收、行政收费、物流控制等措施，限制生产企业行为、控制资源出省区，这是未来化肥市场变化的主要特点，将对化肥行业的发展产生重大影响。如果国家不对肥料生产资源进行保护，未来肥料市场的发展将面临新的危机，整个行业也将难以健康发展。

3. 控制政策

（1）控制进出口。从资源角度考虑，国家在未来会鼓励化肥的进口，控制出口，这是大的发展方向，但是目前我国的市场开发程度不能够与国际市场接轨，在化肥成本以及价格方面经常出现倒挂，化肥的进口出现了负增长，比如进口的二铵、尿素、复合肥。

国家控制肥料市场的两个原则是：①保障肥料的季节性供应。②控制肥料的价格，保障市场的相对稳定。

（2）控制价格。由于我国的农业生产基础非常薄弱，加上近年来自然灾害频繁发生，因此，肥料价格变成了敏感的社会问题。举例来说，如果国家取消针对各项肥料的各种补贴，直接补贴给农民，就会造成肥料价格的大幅度上涨，特别是没有肥料资源的省份和具有肥料资源的省份之间价格的差异就会很大，市场的平衡局面就会被打破，农业生产的结构也就会发生巨大的变化，很难保证这种变化是符合国家粮食安全战略发展的需求的，因此，肥料虽小，在农业生产中的杠杆作用却很大。

（3）控制质量。肥料生产的技术和其他行业相比较并不复杂，特别是混配肥料，因此，肥料的质量不合格是比较突出的问题，既影响了市场的健康发展，又影响了农民的消费信心，不断地给农民带来经济损失。国家每年通过不同职能部门和执法部门进行农资市场大检查，控制农资产品的质量，规模最大的就是每年一次的春季农资市场打假活动。

（九）国家政策导向

1. *产品方面*

（1）颗粒化。肥料颗粒化的主要目的是为了提高肥料的利用率。由于我国农民的施肥技术差异很大，规模性种植业不发达，农机具发展缓慢，使施肥技术的发展受到了一定的限制。颗粒化的肥料不宜流失、淋溶、蒸发、被大风吹跑或被水带走，同时有利于机械化施肥，因此，肥料颗粒化是国家鼓励发展的方向。

（2）高含量。对比低含量肥料，高含量肥料有以下优点：①利用率高，肥效明显。②储运方便，降低储运成本。③使用方便，降低农民劳动强度。④带来的有害物质少，对土壤保护有利。⑤便于大规模生产，减少资源浪费。

（3）复合化。将主要养分以化学方式合成，按照一定的配方生产，这就是肥料的复合化。物理法的合成是复混肥，复混肥生产工艺简单，原材料选择广泛，但同时方便造假、偷减养分含量、使用低质量填充料等，因此，近年来，中低含量复混肥的发展受到限制。复合肥料的优点是：①单一颗粒养分均衡，产品质量有保障。②可以生产高含量的产品，肥料利用率高。③产品配方可以进行针对性的调整，具有一定的区域适应性和作物品种适应性。④生产工艺成熟，便于大规模生产。⑤产品的化学性质和物理性质稳定，便于储备、运输和机械化施肥。⑥复合肥料造假难度大，农民认知度比较高。

（4）配方化。科学施肥的主要问题还是配方的问题，通过植物生长特性、土壤检测和田间试验来确定肥料的配方以及施用方法，再由工厂根据确定的配方生产肥料供应农民使用，简单地说这就是配方施肥。配方施肥的优点如下：①针对不同区域、不同作物品种确定肥料生产的配方，提高作物的产量。②降低肥料投入的成本，减少国家资源的浪费，减少农民的农业生产成本，便于工业化生产。③农民施用方便，针对不同种植结构与区域，肥料的适应性强。④可以根据不同区域和不同植物的需求，添加除了氮、磷、钾之外的其他中微量元素。

（5）有机肥料和无机肥料配合使用。倡导有机肥料和无机肥料的配合使用，是符合当前我国国情的一个特点。原因如下：①我国人多地少，要想办法提高单位面积的产量。②过量使用化肥，破坏土壤结构，比如土壤的沙化问题、南方土壤的酸化趋势加重、北方的土壤盐碱化趋势加重等。③我国有机肥料的生产性资源非常丰富，使用有机肥料可以减少环境污染，是一举两得、利国利民的好事；有机+无机肥料的使用效果已得到公认。

在我国推广有机+无机肥料现阶段存在的问题如下：①无机肥料市场不规范，质量差的肥料充斥市场，农民认知度不高。②国家没有进一步的政策扶持指导无机肥料的生产，企业炒作概念较多，好的品种少。③在化肥中加入有机肥料，生产技术限制产品的含量与质量，效果一般。④在使用中无机肥料配有机肥料，养分含量上不去，农民操作有难度，增加农民的劳动强度。⑤无机肥料需要产品升级。

（6）控释技术。磷钾肥的控释技术目前处于开发当中，主要是提高磷肥的当季利用率和防止钾肥流失。一般来说，磷肥当季利用率只有20%~30%，而且肥效比较缓慢，在土壤中残留量比较大。钾肥当季利用率比较高，但是很难在土壤中残留，流失比较严重。目前的控释技术主要是肥料的包衣，重点是控制氮肥的释放速度，提高氮肥的利用率。

2. 行业方面

（1）鼓励矿肥结合。矿产结合是资源性行业普遍的做法，就是在资源区域直接建设工厂，就地生产加工出产品（如煤炭行业的"坑口电站"），然后将成品销售到各个需求区域。这样做的好处是降低生产成本、运输成本、充分发挥资源区域的综合性优势。我国的矿肥结合最先受益的是磷肥行业的五大磷肥基地，其次是青海钾肥。近年来尿素企业也面临调整，如山西、内蒙古利用煤炭资源，开始投资建设工厂，中化、中海油开始利用石油、天然气的优势，在资源区域建设或扩大尿素的产能，具体表现是整合原有的系统内肥料生产企业，投资或收购行业外的肥料生产企业。

（2）鼓励企业整合联合。由于我国化肥工业迅速发展的阶段是国家由计划经济向市场经济过渡的特殊阶段，因此，在传统的计划经济时代投资的大型国有企业面临改革，而非国有经济投资的中小型化肥企业经过这些年来的发展也需要改革，因此企业之间的竞争、联合和整合是肥料工业未来发展的主要趋势。国家鼓励企业的联合是希望企业之间优势互补，资源互补，提高企业的竞争能力。

（3）鼓励发展大化肥。国家鼓励发展大化肥的原因很多，主要的还是要提高企业的竞争能力，减少资源浪费，通过组建大型企业引导行业健康发展和积极参加国际化的竞争。目前的突出问题就是引导化肥行业格局健康发展的问题。

（4）鼓励肥料生产经营与农化服务结合。国家鼓励肥料生产企业和经营企业积极参加到系统的农化服务中去，比如，在测土施肥工程实施的过程中，国家鼓励企业参加农业部门组织的配方肥料生产的招标，向农民提供配方肥料使用技术的指导。

国家为了整顿和开发农村市场，在肥料经营方面，积极鼓励企业实施农资连锁经营模式，并且向农民提供配套服务。

二、农药经营的基础知识

（一）农药的含义

随着农药工业和农业生产的发展，不同的时代和不同的国家都有所差异。根据我国 2017 年修订颁布的《农药管理条例》，目前我国所称的农药是指用于预防、控制危害农业、林业的病、虫、草、鼠和其他有害生物以及有目的地调节植物、昆虫生长的化学合成或者来源于生物、其他天然物质的一种物质或者几种物质的混合物及其制剂。

（二）农药的范畴

只有用于以下用途的物质才属农药。

（1）预防、消灭或者控制危害农业、林业的病、虫（包括昆虫、蜱、螨）、草和鼠、软体动物等有害生物的。

（2）预防、消灭或者控制仓储病、虫、鼠和其他有害生物的。

（3）调节植物、昆虫生长的。

（4）用于农业、林业产品防腐或者保鲜的。

（5）预防、消灭或者控制蚊、蝇、蜚蠊、鼠和其他有害生物的。

（6）预防、消灭或者控制危害河流堤坝、铁路、机场、建筑物和其他场所的有害生物的。

（7）农药与肥料等物质的混合物。

虽用于上述用途，但仅是一种物理器械的，如高压灭蝇灯等，就不能视为农药，不属于农药的范畴。同一种物质，当用于农药用途时，应属于农药的范畴，当用于非农药用途时，就不属于农药管理的范畴，如硫黄、柴油等。

根据农药的用途及成分、防治对象、作用方式机理、化学结构等，分类方法多种多样。常用的是按防治对象来分类，可分为杀虫剂、杀螨剂、杀菌剂、除草剂、杀线虫剂、杀鼠剂、植物生长调节剂等几大类，每一大类又可再按其他方法进行细分。

（三）杀虫、杀螨剂

用来防治农、林、卫生、贮粮及畜牧等方面害虫的药剂，称为杀虫剂、杀螨剂。农药种类的划分如下。

1. 按化学成分来源分

（1）无机杀虫剂如砷酸钙、亚砷酸、氟化钠等。

（2）有机杀虫剂包括天然的有机杀虫剂、人工合成有机杀虫剂和生物杀虫剂。

①天然的有机杀虫剂包括植物性杀虫剂（如除虫菊酯等）和矿物性杀虫剂（如柴油等）。

②人工合成有机杀虫剂包括有机氯类杀虫剂，如三氯杀虫酯禁用农药等；有机磷类杀虫剂，如敌百虫等；氨基甲酸酯类杀虫剂，如西维因等；拟除虫菊酯类杀虫剂，如氯氰菊酯等；有机氮类杀虫剂，如杀螟丹等。

③生物杀虫剂包括微生物杀虫剂、生物代谢物杀虫剂和动物源杀虫剂，如苏云金杆菌（Bt）等。

2. 按杀虫剂的作用方式或效应分

（1）胃毒剂指经昆虫取食进入体内引起中毒的杀虫剂，如乙酰甲胺磷等。

（2）触杀剂指经昆虫体壁进入体内引起中毒的杀虫剂，如马拉硫磷等。

（3）熏蒸剂指施用后，呈气态或气溶胶态的生物活性成分，经昆虫气门进入体内引起中毒的杀虫剂，如溴甲烷、磷化氢等。

（4）内吸剂指由植物根、茎、叶等部位吸收、传导到植株各部位，或由种子吸收后传导到幼苗，并能在植物体内贮存一定时间而不妨碍植物生长，并且其被吸收传导到各部位的药量，足以使为害该部位的害虫中毒致死的药剂，如乐果等。

（5）昆虫生长调节剂指通过扰乱昆虫正常生长发育，使昆虫个体生活能力降低、死亡或种群灭绝的杀虫剂，如灭幼脲等。

此外，作为杀虫剂应用的还有活体微生物农药，这一类主要是指能使害虫致病的真菌、细菌、病毒，经过人工培养，当作农药用来防治或消灭害虫，如苏云金杆菌、白僵菌、核型多菌体病毒等。

（四）杀菌剂

对植物体内的真菌、细菌或病毒等具有杀灭或抑制作用，用以预防或治疗作物的各种病害的药剂，称为杀菌剂。其分类方法也很多，杀线虫剂通常亦被划为杀菌剂范围。

1. 按化学成分来源和化学结构分

（1）无机杀菌剂指以天然矿物为原料的杀菌剂和人工合成的无机杀菌剂，如硫酸铜、石硫合剂。

（2）有机杀菌剂指人工合成的有机杀菌剂，按其化学结构又可分为多种类型：有机硫、有机汞、有机砷、有机磷、氨基甲酸酯类等。

（3）生物杀菌剂包括农用抗生素类杀菌剂和植物源杀菌剂。农用抗生素类杀菌剂，指在微生物的代谢物中所产生的抑制或杀死其他有害生物的物质，如井冈霉素、春雷霉素、链霉素等。植物源杀菌剂，指从植物中提取某些杀菌成分，作为保护作物免受病原菌侵害的药剂，主要代表是大蒜素，以及人工合成的同系物乙基大蒜素。

2. 按作用方式和机制分

（1）保护剂在植物感病前施用，抑制病原孢子萌发，或杀死萌发的病原孢子，防止病原菌侵入植物体内，以保护植物免受病原菌侵染为害的杀菌剂，如波尔多液、代森锌等。

（2）治疗剂在植物感病后施用，直接杀死已侵入植物的病原菌的杀菌剂，如甲基硫菌灵、多菌灵、三唑酮等。

3. 按使用方法分

（1）土壤处理剂指通过喷施、灌浇、翻混等方法防治土壤传带的病害的药剂，如氯化苦、石灰、五氯硝基苯等。

（2）叶面喷洒剂通过喷雾或喷粉主要施于作物的杀菌剂，如波尔多液、石硫合剂等。

（3）种子处理剂用于处理种子的杀菌剂，主要防治种子传带的病害，或者土传病害，如戊唑醇等。

（五）除草剂

用以消灭或控制杂草生长的农药。可从作用方式、施药部位、化合物来源等多方面分类。

1. 按杀灭方式分

（1）灭生性除草剂（即非选择性除草剂）指在正常用药量下能将作物和杂草无选择地全部杀死的除草剂，如百草枯、草甘膦等。

（2）选择性除草剂只能杀死杂草而不伤作物，甚至只杀某一种或某类杂草的除草剂，如燕麦畏、2,4-D 丁酯等。

2. 按作用方式分

（1）内吸性除草剂药剂可被根、茎叶、芽鞘吸收并在体内传导到其他部位而起作用，如西玛津、茅草枯等。

（2）触杀性除草剂，除草剂与植物组织（叶、幼芽、根）接触即可发挥作用，药剂并不向他处移动，如百草枯、灭草松等。

（六）杀鼠剂

用于控制鼠害的一类农药。狭义的杀鼠剂仅指具有毒杀作用的化学药剂；广义的杀鼠剂还包括能熏杀鼠类的熏蒸剂、防止鼠类损坏物品的驱鼠剂、使鼠类失去繁殖能力的不育剂、能提高其他化学药剂灭鼠效率的增效剂等。

按杀鼠作用的速度可分为速效性和缓效性两大类。速效性杀鼠剂，也称急性单剂量杀鼠剂，如磷化锌、安妥等。其特点是作用快，鼠类取食后即可致死。缺点是毒性高，对人、畜不安全，并可产生第 2 次中毒，鼠类取食一次后若不能致死，易产生拒食性。缓效性杀鼠剂，也称慢性多剂量杀鼠剂，如杀鼠灵、敌鼠钠、鼠得克、大隆等。其特点是药剂在鼠体内排泄慢，鼠类连续取食数次，药剂蓄积到一定剂量方可使鼠中毒致死，对人、畜危险性较小。一般制成毒饵、毒水、毒粉、毒糊投放。

（七）植物生长调节剂

指一类与植物激素具有相似生理和生物学效应的物质（人工合成或天然的）。有的是模拟激素的分子结构而合成的，有的是合成后经活性筛选而得到的。植物生长调节剂种类繁多，已发现具有调控植物生长和发育功能物质有生长素、赤霉素、乙烯、细胞分裂素、脱落酸、油菜素内酯、水杨酸、茉莉酸和多胺等，而作为植物生长调节剂被应用在农业生产中主要是前六大类。按作用方式可分为如下几类。

（1）生长素类。它们促进细胞分裂、伸长和分化，延迟器官脱落，形成无籽果实，如吲哚乙酸、吲哚丁酸等。

（2）赤霉素类。它们主要促进细胞伸长，促进开花，打破休眠等，如赤霉酸等。

（3）其他。如乙烯释放剂、生长素传导抑制剂、生长延缓剂、生长抑制剂等。

植物生长调节剂具有以下作用特点：①作用面广，应用领域多。植物生长调节剂可适用于几乎包含了种植业中的所有高等和低等植物，如大田作物、蔬菜、果树、花卉、林木、海带、紫菜、食用菌等，并通过调控植物的光合、呼吸、物质吸收与运转、信号传导、气孔开闭、渗透调节、蒸腾等生理过程的调节而控制植物的生长和发育，改善植物与环境的互作关系，增强作物的抗逆能力，提高作物的产量，改进农产品品质，使作物农艺性状表达按人们所需求的方向发展。②用量小、速度快、效益高、残毒少。③可对植物的外部性状与内部生理过程进行双调控。④针对性强，专业性强。可解决一些其他手段难以解决的问题，如形成无籽果实、控制株型、促进插条生根、果实成熟和着色、抑制腋芽生长、促进棉叶脱落。⑤植物生长调节剂的使用受多种因素的影响，而难以达到最佳效果，如气候条件、施药时间、用药量、施药方法、施药部位以及作物本身的吸收、运转、整合和代谢等都将影响到其作用效果。

（八）农药的常用剂型

1. 农药剂型

农药原药大部分不溶于水或不能直接用于防治病、虫、草害等，它必须和合适的助剂、乳化剂、润湿剂等制成适宜的制剂，才能发挥它应有的防治效果。农药剂型种类有 50 多种，常见的如乳油、可湿性粉剂、粉剂、悬浮剂、颗粒剂等。近几年发展较快的新农药剂型有超低容量液剂、悬浮剂、胶囊悬浮剂、可分散性粒剂、可溶性粉剂、乳剂、种子处理液剂、悬浮种衣剂、种子处理用水溶性粉剂、湿拌种水分散性粉剂等。

2. 主要农药制剂及其特点

将农药原药与填充剂一起经加工处理，使之具有一定组分和规格的农药加工形态，称为农药剂型。简单讲，制剂的形态称剂型。我国目前使用的有以下剂型。

（1）乳油。乳油为目前农药制剂中主要剂型之一，由农药原药、溶剂、乳化剂经溶解混合而成的均匀透明的油状液体。有的还加入少量助溶剂和稳定剂。

主要特点为：①药效高，药剂喷施后能均匀附着在植株表面形成一层薄膜，且不易被雨水淋洗，药效期也较长，能充分发挥药剂的作用。同时，药剂易渗入或被渗透到有害物体内或作物内部，大大增加了药剂的毒杀作用。②施用方便，可用任意比例的水稀释，以适应不同容量喷雾和使用要求。③性质稳定，不易分解，耐贮藏。④由于含有大量有机溶剂，一方面造成有机溶剂的极大浪费，另一方面使用后污染环境，再则造成产品运输、贮存不安全，怕高温、怕火源。

（2）粉剂。粉剂是农药中最常用剂型之一，由原药、填料、助剂经粉碎、混合而成。

主要特点为：①施用时无须用水作载体。②其药效不如液剂，易污染环境。

（3）可湿性粉剂。可湿性粉剂是农药制剂中主要剂型之一，为一种易被水润湿并能在水中分散悬浮的粉状剂。

主要特点为：①能使不溶于水或溶剂中溶解度极低的农药，加工成能对水使用的药剂。②由于药剂具有湿润性能，能使药剂均匀地粘着和黏附在农作物、杂草叶面上，能提高其药效。③使用方便，贮存、运输较安全。④不能长期贮存，易产生结块而影响药效。

（4）颗粒剂。颗粒剂是目前发展迅速的重要剂型之一。它由农药原药、载体和助剂混合加工而成。

主要特点为：①效期长、使用方便、操作安全、粉尘飞扬少。②对环境污染小，以及对天敌和益虫安全。③高毒农药低毒化、可控制释放速度、延长持效期及扩大应用范围等。

（5）水剂。水剂又称水溶剂。对于某些较易溶于水且较稳定的农药原药，直接加水加工成各种浓度的水剂。

主要特点为：①药剂在水中不稳定，长期贮存易分解失效。②由于该制剂中无乳化剂，故在作物表面的黏附性能相对较差，药效亦不及乳油。

（6）悬浮剂。悬浮剂是一种可流动的液体状制剂。由于它兼具乳油和可湿性粉剂共有的优点，近年来发展十分迅速。

主要特点为：①倒入水中时不产生粉尘飞扬，对操作者安全。②该产品不需要使用大量有机溶剂。③此制剂由于颗粒很小，故其覆盖面积大，从而可提高药效，并可节约药量。

（7）油剂。油剂系农药原药的油溶液。配制时将农药原药溶于油质溶剂中，必要时加入适量助溶剂、稳定剂和安全剂。

主要特点为：①对人、畜较安全。②黏附性高、耐雨水冲刷。

（8）可分散性粒剂。可分散性粒剂是加入水后能迅速崩解、分散，形成悬浮状的粒状农药剂型，如辟蚜雾。25%可分散粒剂由农药有效成分、吸附剂或载体、润湿剂、分散剂组成。

主要特点为：①该剂型兼有可湿性粉剂和悬浮剂所具有的悬浮性、分散性、稳定性好的特点，使用时粉尘量少、易于处理和计量。②不含有机溶剂和不易聚结。

（9）缓释剂。缓释剂是一种可控制农药有效成分从加工产品中缓慢释出的农药剂型。

主要特点为：①该剂型可以延长药剂的持效期，减少挥发损失。②不易产生药害危险。③降低高毒农药的毒性及降低用药量，可减轻对环境的污染。

（10）超低容量液剂。超低容量液剂同油剂，但为高含量的农药原药加入少量溶剂组成，有的还加入少量助溶剂、稳定剂等，有效成分浓度可高达80%。

主要特点为：①使用时不需加水或加水量极少，可直接用超低容量喷雾器喷洒。②具有相对较高的毒性。③易飘移，给操作者带来危害。

（11）烟剂。烟剂亦称烟雾剂或烟熏剂，由农药原药和定量的燃料（锯木屑、木炭粉、煤粉）和助燃剂（硝酸钾、硝酸铵）、消燃剂（陶土）等均匀混配加工而成。用火点燃后，即可燃烧发烟，没有火焰，药剂因受热升华成细小的微粒，像烟一样分散空中，起到杀虫、杀菌的作用。

主要特点为：①使用方便、节省体力。②可扩散到其他防治方法不能达到之处，还可扩散到任意角落和缝隙中，很适宜防治林业害虫，以及仓库和温室的病虫害。

（12）乳粉。乳粉是我国农药行业自行开发的一种剂型，它不同于乳油，不需大量溶剂和乳化剂，但却具有和乳油相似作用的粉状物，使用时按规定量加水化开并搅拌均匀即可。

主要特点为：①该剂型具可节约大量溶剂及包装材料。②易结块，施药后耐冲刷性能较差。

（13）片剂。片剂是加工成片状的农药剂型。此制剂由农药、填料、吸附剂、湿润剂、黏合剂和崩解剂组成。

主要特点为：①用药时计量准确。②包装体积小，使用、贮藏、运输方便。

（14）微囊悬浮剂。微囊悬浮剂是流动性稳定的胶囊悬浮剂，一般用水稀释后成悬浮液施用。

主要特点为：①使用时粉尘量极低、有机溶剂量少。②低毒、持效期长。③容易冻结、温度高时产品黏稠。

（15）乳剂。乳剂含有的农药有效成分溶于有机溶液中，并以微小的液珠分散在以水为连续相中的非均一流体制剂，也称浓乳剂和水基乳剂。

主要特点为：①有机溶剂使用量低。②使用时不易飘移。③低毒、高效、高稳定性。④对高温、低温敏感。

（16）悬乳剂。悬乳剂可视为水乳剂和悬浮剂的组合，它是含有的固体农药有效成分和液体农药有效成分，分别以固体粒子和微细液珠形式稳定地分散在以水为连续相中的流动的非均一制剂。

主要特点为：①有机溶剂使用量少。②低毒。③贮存时易沉降聚集。

（17）悬浮种衣剂。悬浮种衣剂是含有成膜剂的悬浮剂，直接或稀释后用于种子包衣。

主要特点为：①可消除种子带菌，杀灭农作物苗期的地下害虫。②促进农作物生长，减少种子用量。

（九）农药安全间隔期

农药安全间隔期指最后一次施药至作物收获时所允许的间隔天数，即收获前禁止使用农药的日期。

安全间隔期因农药性质、作物种类和环境条件而异。不同的农药有不同的安全间隔期，性质稳定的农药不易分解，其安全间隔期长；同一种农药在不同作物上的安全间隔期亦不同，相同条件下果菜类作物上的残留量比叶菜类作物低得多；由于日光、气温和降雨等气候因素，同一种农药在相同作物上的安全间隔期在不同地区是不同的。

因此，作为农药使用者，应严格按照标签上规定的使用量、使用次数、安全间隔期使用农药，否则容易造成农产品中农药残留超标，引起人、畜中毒，甚至导致死亡。如不按照标签上规定的要求使用农药，一旦出现事故，农药使用者将承担主要责任，严重的将追究其刑事责任。

（十）合理复配、混用农药

复配、混用农药是把两种或两种以上的农药成分制成混剂或用户使用前在现场将两种或两种以上的农药产品现混现用等不同形式。在复配、混用农药时，必须遵循以下原则和要求。

（1）两种混合用的农药不能起化学变化。因为这种变化有可能导致有效成分的分解失效。此外，有效成分的化学变化也可能会产生有害的物质，从而造成药害。

（2）田间混用的农药物理性状应保持不变。在田间现混现用时，要注意不同成分的物理性状是否改变。两种农药混合后产生分层、絮结，这样的农药不能混用；另外，混用后出现乳剂破坏，悬浮率降低甚至有结晶析出，这样的情况也不能混用，否则将因物理性状的改变而降低药效或产生药害。

（3）不同农药混用不应增加对人、畜、家禽和鱼类的毒性以及对其他有益生物和天敌的危害。

（4）混用的农药品种要求具有不同的作用方式和不同的防治对象，农药混用的目的之一就是兼治不同的防治对象，以达到扩大防治谱的作用，因此要求混用的农药具有不同的防治对象。

（5）不同种农药混用在药效上要达到增效目的，使农民能降低使用成本。

（十一）合理轮换使用农药

由于农药在使用过程中，病、虫、草等会不可避免地产生抗药性，特别是在一个地区长期单独使用一种农药时，将会加速抗药性的产生，因此在使用农药时必须强调要合理轮换使用不同种类的农药，以减缓抗药性的发展。

（十二）农药的运输

农药是一种特殊商品，既有有利的一面，也有有害的一面，如对人、畜有毒，有的还为高毒。在贮运和保管过程中，如果不掌握农药特性，方法不当，就可能引起人畜中毒、腐蚀、渗漏、火灾等不良后果，或者造成农药的失效、降解以及因误用所引起的作物药害等不必要的损失。因此，在农药的运输、贮存过程中，应严格按照我国《农药贮运、销售和使用的防毒规程》这一国家标准进行。

在运输农药时，应注意如下事项。

（1）运输农药前首先要了解运送的是什么农药，毒性怎样，有什么注意事项及有关中毒预防知识等，做到会防毒，发生事故会处理。

（2）运输前要检查包装，如发现破损，要改换包装或修补，防止农药渗漏。损坏的药瓶、纸袋要集中保管，统一处理，不能乱扔，以免引起人、畜中毒或造成农药污染。

（3）专车运输，不与食品、饲料、种子和生活用品等混装。

（4）装卸时要轻拿轻放，不得倒置，严防碰撞、外溢和破损。装车时堆放整齐，重不压轻，标记向外，箱口朝上，放稳扎妥。

（5）装卸和运输人员在工作时要做好安全防护，戴口罩、手套，穿长衣裤。若农药污染皮肤，应立即用肥皂、清水冲洗。工作期间不抽烟、不喝水、不吃东西。

（6）运输必须安全、及时、准确。要正确选择路线，时速不宜过快，防止翻车事故。运输途中休息时应将车停靠阴凉处防止暴晒，并离居民区 200 米以外。要经常检查包装情况，防止散包、破包或破箱、破瓶出现。雨天运输时车船上要有防雨设施，避免雨淋。

（7）搬运完毕，运输工具要及时清洗消毒，搬运人员应及时洗澡、换衣。

（十三）农药的贮存和保管

农药贮存要根据产品种类分类堆放。根据质量保证期或生产日期，做到先产先用，推陈出新，要防止中毒。防止农药腐蚀及变质、失效。防热、防火、防潮和防冻，严禁与粮食同库等。

具体说，农药的贮存和保管应注意如下事项。

（1）农药仓库结构要牢固，门窗要严密，库房内要求阴凉、干燥、通风，并有防火防潮的措施，防止受潮、阳光直晒和高温影响。

（2）农药必须单独贮存，绝对不能和粮食、种子、饲料、食品等混放，也不能与烧碱、石灰、化肥等物品混放在一起。禁止把汽油、煤油、柴油等易燃物放在农药仓库内。

（3）农药堆放时，要分品种堆放，严防破损、渗漏。对于高毒农药和除草剂要分别专仓保管，以免引起中毒或药害事故。

（4）各种农药进出库时都要记账入册，并根据农药先进先出的原则，防止农药存放多年而失效。对挥发性大和性能不太稳定的农药，不能长期贮存。

（5）农民等用户自家贮存时，要注意将农药单放在一间屋里，防止儿童接近。最好将农药锁在一个单独的柜子或箱子里，不要放在容易使人误食或误饮的地方。一定要将农药保持在原包装中，并贮存在干燥的地方。要注意远离火种和避免阳光直射。

（6）掌握不同剂型农药的贮存特点，采取相应措施妥善保管，如液体农药，包括乳油、水剂等，其特点是易燃烧，易挥发，在贮存时重点是隔热防晒，避免高温，堆放时应注意箱口朝上，保持干燥通风，要严格管理火种和电源，防止引起火灾。固体农药，如粉剂、颗粒剂、片剂等，特点是吸湿性强，易发生变质，贮存时保管重点是防潮隔湿。微生物农药，如苏云金杆菌、井冈霉素、赤毒素等，其特点是不耐高温，不耐贮存，容易吸湿霉变，失活失效，所以宜在低温干燥的环境中保存，而且保存时间不宜超过2年。

第三节　物联网的关键性知识

一、物联网的概念

物联网是当今网络高频度热词，对于物联网的概念，有多种解释，比较有代表性的有以下几种。

1. 百度定义物联网

通过射频识别、红外感应器、全球定位系统、激光扫描器等信息传感设备，按约定的协议，把任何物品与互联网连接起来，进行信息交换和通信，以实现智能识别、定位、跟踪、监控和管理的一种网络。

2. 维基百科定义物联网

把所有物品通过射频识别等信息传感设备和互联网连接起来，实现智能化识别和管理；物联网就是把感应器装备嵌入各种物体中，然后将"物联网"与现有的互联网连接起来，实现人类社会与物理系统的整合。

3. ITU（国际电信联盟）定义物联网

By embedding short-range mobile transceivers into a wide array of additional gadgets and everyday items, enabling new forms of communication between people and people, between people and things, and between things themselves.（在日常用品中通过嵌入一个额外的小工具和广泛的短距离的移动收发器，使人与人之间、人与物之间以及物与物之间形成信息沟通的形式）。

From anytime，anyplace connectivity for anyone，we will now have connectivity for anything. （任何时间、任何地点、任何人，我们现在都能够实现相关连接）。

总之，物联网能够实现所有物品通过射频识别等信息传感设备实现在任何时间、任何地点与任何物体之间的连接，达到智能化识别和管理的目的。其中，身份识别是 ITU 物联网的核心。

【小知识】

ITU（国际电信联盟）是一个国际组织，主要负责确立国际无线电和电信的管理制度和标准。它的前身是在巴黎创立的国际电报联盟，是世界上最悠久的国际组织之一。它的主要任务是制定标准，分配无线电资源，制定各个国家之间的国际长途互连方案。它也是联合国的一个专门机构，总部设在瑞士的联合国第二大总部日内瓦。

4. EOPSS（欧洲智能系统集成技术平台）定义物联网

Things having identities and virtual personalities operating in smart spaces using intelligent interfaces to connect and communicate within social，environmental，and user contexts. （在智慧空间中，具有身份和虚拟人物操作的东西，使用智能接口连接和沟通社会、环境和用户语境）。

除此之外，还有一个广义的物联网概念，也就是实现全社会生态系统的智能化，实现所有物品的智能化识别和管理。我们可以在任何时间、任何地点实现与任何物的连接。

从众多的定义中，我们不难看出物联网本质上具有以下特点。

（1）物联网是物与物相互连接的网络，互联是其重要特征。物联网中物的概念包括机器、动物、植物以及人，也包括我们日常所接触和所看到的各种物品。所以，物联网本质上与人们常提到的互联网有很大不同，互联网是机器与机器的连接，构建了一个虚拟的世界。而物联网的概念则是真实物与真实物的连接，将物与物按照特定的组网方式进行连接，并且实现信息的双向有效传递。

（2）物联网能够让物体自动自发，智慧是其另一个重要特征。智慧感知是物联网赋予物体的一个全新属性，这将大大拓展人类对于这个世界的感知范围，在不久的将来我们就能够看懂动物、植物以及物品的内心。例如桌上的一个橘子，虽然我们通过肉眼能够识别出它是一个橘子，但是如果不去尝一尝，我们并不知道它偏甜还是偏酸。未来的物联网将可以帮助我们，通过感知技术的应用，对橘子进行判断并将相关的信息反馈给我们。

（3）物联网大大拓展了人类的沟通范围。物联网将人类的沟通范围从单一的人与人之间的沟通扩展到了物体与物体、人与物体之间。物联网即实现了这样的人类理想，它被赋予了人类的智慧，借助通信网络，建立起物体与物体之间、物体与人类之间的通信，扩展了人类的沟通范围，实现人类与物体之间的"直接对话"。

（4）物联网可以实现更多智能的应用。有了物联网，物体具有智慧，可以被感知，并且能够实现与人类之间的沟通，因此可以实现对物体的智能管理。物联网对物体的智能管理，可以衍生出更多的智能应用。

二、物联网的主要特点

全面感知、可靠传输与智能处理是物联网的 3 个显著特点。物联网与互联网、通信网相比有所不同，虽然都是能够按照特定的协议建立连接的应用网络，但物联网在应用范围、网络传输以及功能实现等方面都比现有的网络要明显增强，其中最显著的特点是感知范围扩大以及应用的智能化。

（一）全面感知

物联网连接的是物，需要能够感知物，赋予物智能，从而实现对物的感知。以前我们对物的感知是表象的，现在变成了物与物、人与物之间进行广泛的感知和连接，感知的范围进一步扩展，这是物联网根本性的变革。

要实现对物体的感知，就要利用 RFID、传感器、二维码等技术以便能够随时随地采集物体的静态和动态信息。这样我们就可以对物体进行标识，全面感知所连接对象的状态，对物进行快速分级处理。

现在一些智能终端中已经内置了传感器，例如苹果公司的iPhone 手机。iPhone 通过对旋转时运动的感知，可以自动地改变其显示竖屏还是横屏，以便用户能够以合适的方向和垂直视角看到完整的页面或者数字图片。物联网的感知层能够全面感知语音、图像、温度、湿度等信息并向上传送。

（二）可靠传输

物联网通过前端感知层收集各类信息，还需要通过可靠的传输网络将感知的各种信息进行实时传输，这种传输具有以下特点。

（1）对感知到的信息进行可靠传输，全面及时而不失真。

（2）信息传递的过程应是双向的，即处理平台不仅能够收到前端传来的信息，并且能够顺畅安全地将相关返回信息传递到前端。

（3）信息传输安全、防干扰，防病毒能力、防攻击能力强，具有高可靠的防火墙功能。物联网的传输层包含大型的传输设备、交换设备，为信息的可靠传输提供稳定安全的链路。

（三）智能处理

对于收集的信息，互联网等网络在这个过程中仍然扮演重要角色，利用计算机技术，结合无线移动通信技术，构成虚拟网络，及时地对海量的数据进行信息控制，完成通信，进行相关处理。真正达到了人与物的沟通、物与物的沟通。在物联网系统中，通过相关指令的下达，使联网的多种物体处于可监控、可管理的状态，这就突破了手工管理的种种不便。应用感知技术让物体能够及时反馈自己所处的状态，从而实现智能化管理。物联网对信息的智能化处理是对信息进行"非接触自动处理"，通过各种传感设备可以实现信息远程获取，并不需要去实地采集；对物流信息实行实时监控，通过对流通中的物体内置芯片，系统就能够随时监控物体运行的状态；在智能处理的全过程中，都可实现各环节信息共享。物联网应用层包含各行业的应用，依据系统服务要求灵活处理。

三、农业物联网的应用

整体来说，目前一些农业信息感知产品在农业信息化示范基地开始运用，但大部分产品还停留在试验阶段，产品在稳定性、可靠性、低功耗等性能参数上与国外产品还存在一定的差距，因此，我国在农业物联网上的开发及应用还有很大的空间。

近 10 年来，美国和欧洲的一些发达国家和地区相继开展了农业领域的物联网应用示范研究，实现了物联网在农业生产、资源利用、农产品流通领域、精细农业的实践与推广，形成了一批良好的产业化应用模式，推动了相关新兴产业的发展。同时还促进了农业物联网与其他物联网的互联，为建立无处不在的物联网奠定了基础。我国在农业行业的物联网应用，主要实现农业资源、环境、生产过程、流通过程等环节信息的实时获取和数据共享，以保证产前正确规划以提高资源利用效率，产中精细管理以提高生产效率、实现节本增效，产后高效流通、实现安全溯源等多个方面，但多数应用还处于试验示范阶段。

（一）大田种植方面

国外，Hamrita 和 Hoffacker 应用 RFID 技术开发了土壤性质监测系统，实现对土壤湿度、温度的实时检测，对后续植物的生长状况进行研究；Ampatzidis 和 Vougioukas 将 RFID 技术应用在果树信息的检测中，实现对果实的生长过程及状况进行检测；

美国 AS Leader 公司采用 CAN 现场总线控制方案；美国 StarPal 公司生产的 HGIS 系统，能进行 GPS 位置、土壤采样等信息采集，并在许多系统设计中进行了应用。国内，基于无线传感网络，实现了杭州美人紫葡萄栽培实时监控；高军等基于 ZigBee 技术和 GPRS 技术实现了节水灌溉控制系统；基于 CC2430 设计了基于无线传感网络的自动控制滴灌系统；将传感器应用在空气湿度和温度、土壤温度、CO_2 浓度、土壤 pH 值等检测中，研究其对农作物生长的影响；利用传感器、RFID、多光谱图像等技术，实现对农作物生长信息进行检测；中国农业大学在新疆建立了土壤墒情和气象信息检测试验，实现按照土壤墒情进行自动滴灌。

（二）畜禽养殖方面

国外，Hurley 等进行了耕牛自动放牧试验，实现了基于无线传感器网络的虚拟栅栏系统；Nagl 等基于 GPS 传感器设计了家养牲畜远程健康监控系统；Taylor 和 Mayer 基于无线传感器，实现动物位置和健康信息的监控；Parsons 等将电子标签安装在 Colorado 的羊身上，实现了对羊群的高效管理；荷兰将其研发的 Velas 智能化母猪管理系统推广到欧美等国家，通过对传感器检测的信息进行分析与处理，实现母猪养殖全过程的自动管理、自动喂料和自动报警。国内，林惠强等利用无线传感网络实现动物生理特征信息的实时传输，设计实现了基于无线传感网络的动物检测系统；谢琪等设计并实现了基于 RFID 的养猪场管理检测系统；耿丽微等基于 RFID 和传感器设计了奶牛身份识别系统。

（三）农产品物流方面

国外，Mayr 等将 RFID 技术应用到猪肉追溯中，实现了猪肉追溯管理系统。国内，谢菊芳等利用 RFID、二维码等技术，构建了猪肉追溯系统；孙旭东等利用构件技术、RFID 技术等，实现了柑橘追溯系统；北京、上海、南京等地逐渐将条形码、RFID、IC 卡等应用到农产品质量追溯系统的设计与研发中。

第五章　经营管理基本常识

第一节　土地流转

一、土地家庭承包经营权的流转

我国《农村土地承包法》规定，农户的土地承包经营权可以依法流转。在稳定农户的土地承包关系的基础上，允许土地承包经营权合理流转，是农业发展的客观要求。而确保家庭承包经营制度长期稳定，赋予农户长期而有保障的土地使用权，是土地承包经营权流转的基本前提。

1. 土地承包经营权流转的原则

（1）平等协商、自愿、有偿原则是根据《中华人民共和国农村土地承包法》（以下简称《农村土地承包法》）第三十三条规定，土地承包经营权的流转应当遵循该原则。尊重农户在土地使用权流转中的意愿，平等协商，严格按照法定程序操作，充分体现有偿使用原则，不搞强迫命令等违反农民意愿的硬性流转。流转的期限不得超过承包期的剩余期限，受让方须有农业经营能力，在同等条件下本集体经济组织成员享有优先权。

（2）不得改变土地集体所有性质、不得改变土地用途、不得损害农民土地承包权益（"三个不得"）。党的十七届三中全会审议通过的《中共中央关于推进农村改革发展若干重大问题的决定》中规定，上述"三个不得"是农村土地流转必须遵循的重大原则。农村土地归集体所有，土地流转的只是承包经营权，不能在流转中变更土地所有权属性，侵犯农村集体利益。实行土地用途管制是我国土地管理的一项重要制度，农地只能农用。在土地承包经营权流转中，农民的流转自主权、收益权要得到切实保障，转包方和农村基层组织不能以任何借口强迫流转或者压低租金价格，侵犯农民的权益。

2. 土地承包经营权流转的方式

依据我国《农村土地承包法》第三十七条规定，土地承包经营权的流转主要是以下几种方式：转包、出租、互换、转让、入股。

（1）转包。主要是指承包方把自己承包期内承包的土地，在一定期限内全部或部分转包给本集体经济组织内部的其他农户耕种。

（2）出租。主要是指承包方作为出租方，将自己承包期内承包的土地，在一定期限内全部或部分租赁给本集体经济组织以外的单位或个人，并收取租金的行为。

（3）互换。主要是指土地承包经营权人将自己的土地承包经营权交换给他人行使，自己行使从他人处换来的土地承包经营权。

（4）转让。主要是指土地承包经营权人将其所拥有的未到期的土地承包经营权以一定的方式和条件转移给他人的行为。

转让不同于转包、出租和互换。在转包和出租的情况下，发包方和出租方即原承包方与原发包方的承包关系没有发生变化，新发包方和出租方并不失去土地承包经营权。在互换土地承包经营权中，承包方承包的土地虽发生了变化，但并不因此而丧失土地承包经营权。而在土地承包经营权的转让中，原承包方与发包方的土地承包关系即行终止，转让方（原承包方）不再享有土地承包经营权。

（5）入股。指承包方之间为了发展农业经济，自愿联合起来，将土地承包经营权入股，从事农业合作生产。这种方式的土地承包经营权入股，主要从事合作性农业生产，以入股的股份作为分红的依据，但各承包户的承包关系不变。

3. 土地承包经营权流转履行的手续

（1）土地承包经营权流转实行合同管理制度。《农村土地承包经营权流转管理办法》规定，土地承包经营权采取转包、出租、互换、转让或者其他方式流转，当事人双方应签订书面流转合同。

农村土地承包经营权流转合同一式四份，流转双方各执一份，发包方和乡（镇）人民政府农村土地承包管理部门各备案一份。承包方将土地交由他人代耕不超过一年的，可以不签订书面合同。承包方委托发包方或者中介服务组织流转其承包土地的，流转合同应当由承包方或其书面委托的代理人签订。农村土地承包经营权流转当事人可以向乡（镇）人民政府农村土地承包管理部门申请合同鉴证。

乡（镇）人民政府农村土地承包管理部门不得强迫土地承包经营权流转当事人接受鉴证。

（2）农村土地承包经营权流转合同内容。农村土地承包经营权流转合同文本格式由省级人民政府农业行政主管部门确定。其主要内容有：①双方当事人的姓名、住所。②流转土地的名称、坐落、面积、质量等级。③流转的期限和起止日期。④流转方式。⑤流转土地的用途。⑥双方当事人的权利和义务。⑦流转价款及支付方式。⑧流转合同到期后地上附着物及相关设施的处理。⑨违约责任。

（3）农村土地经营权流转合同的登记。进行土地承包经营权流转时，应当依法向相关部门办理登记，并领取土地承包经营权证书和林业证书，同时报乡（镇）政府备案。农村土地经营权流转合同未经登记的，采取转让方式流转土地承包经营权中的受让人不得对抗第三人。

二、其他方式的承包

不宜采取家庭承包方式的荒山、荒沟、荒丘、荒滩（通常并称"四荒"）等农村土地，通过招标、拍卖、公开协商等方式承包的，属于其他方式承包。

1. 其他方式承包的特点

（1）承包方多元性。承包方可以是本集体经济组织成员，也可以是本集体经济组织以外的单位或个人。在同等条件下，本集体经济组织成员享有优先承包权。如果发包方将农村土地发包给本集体经济组织以外的单位或个人承包，应当事先经本集体经济组织成员的村民会议 2/3 以上成员或者 2/3 以上村民代表的同意，并报乡（镇）人民政府批准。

（2）承包方法的公开性。承包方法是实行招标、拍卖或者公开协商，发包方按照"效率优先、兼顾公平"的原则确定承包人。

2. 其他方式承包的合同

荒山、荒沟、荒丘、荒滩等可以通过招标、拍卖、公开协商等方式实行承包经营，也可以将土地承包经营权折股给本集体经济组织成员后，再实行承包经营或者股份合作经营。承包荒山、荒沟、荒丘、荒滩的，应当遵守有关法律、行政法规的规定，防治水土流失，保护生态环境。发包方和承包方应当签订承包合同，当事人的权利和义务、承包期限等，由双方协商确定。以招标、拍卖方式承包的，承包费通过公开竞标、竞价确定；以公开协商等方式承包的，承包费由双方议定。

3. 其他方式承包的土地承包经营权流转

通过招标、拍卖、公开协商等方式承包农村土地，经依法登记取得土地承包经营权证或者林权证等证书的，其土地承包经营权可以依法转让、出租、入股、抵押或者其他方式流转。与家庭承包取得的土地承包经营权相比较，少了一个转包，多了一个抵押。

土地承包经营权抵押，是指承包方为了确保自己或者他人债务的履行，将土地不转移占有而提供相应担保。当债务人不履行债务时，债权人就土地承包经营权作价变卖或者折价抵偿，从而实现土地承包经营权的流转。应注意我国现行法律只允许

"四荒"土地承包经营权抵押，而大量的家庭承包方式下的土地承包经营权是不允许抵押的。

三、农村土地承包合同的主体

合同的主体包括合同的发包方和承包方。根据《农村土地承包法》第十二条规定，合同的发包方是农村集体经济组织、村委会或村民小组。合同的承包方是本集体经济组织的农户，签订合同的发包方是集体经济组织。发包方的代表通常是集体经济组织负责人。承包方的代表是承包土地的农户户主。

四、农村土地承包合同的主要条款

1. 农村土地承包合同条款

农村土地承包合同一般包括以下条款：①发包方、承包方的名称，发包方负责人和承包方代表的姓名、住所。②承包土地的名称、坐落、面积、质量等级。③承包期限和起止日期。④承包土地的用途。⑤发包方和承包方的权利和义务。⑥违约责任。

2. 承包合同存档、登记

承包的合同一般要求一式三份，发包方、承包方各一份，农村承包合同管理部门存档一份。同时，县级以上地方人民政府应当向承包方颁发土地承包经营权证或者林权证等证书，并登记造册，确认土地承包经营权。颁发土地承包经营权证或者林权证等证书，除按规定收取证书工本费外，不得收取其他费用。

五、农村土地承包合同当事人的权利义务

农村土地承包合同的当事人是发包方和承包方。

1. 发包方的权利和义务

（1）发包方的权利。

①发包本集体所有的或者国家所有由本集体使用的农村

土地。

②监督承包方依照承包合同约定的用途合理利用和保护土地。

③制止承包方损害承包地和农业资源的行为。

④法律、行政法规规定的其他权利。

（2）发包方的义务。

①维护承包方的土地承包经营权，不得非法变更、解除承包合同。承包合同生效后，发包方不得因承办人或者负责人的变动而变更或者解除，也不得因集体经济组织的分立或者合并而变更或者解除。承包期内，发包方不得单方面解除承包合同，不得假借少数服从多数强迫承包方放弃或者变更土地承包经营权，不得以划分"口粮田"和"责任田"等为由收回承包地搞招标承包，不得将承包地收回抵顶欠款。

②尊重承包方的生产经营自主权，不得干涉承包方依法进行正常的生产经营活动。

③依照承包合同约定为承包方提供生产、技术、信息等服务。

④执行县、乡（镇）土地利用总体规划，组织本集体经济组织内的农业基础设施建设。

⑤法律、行政法规规定的其他义务。

2. 承包方的权利和义务

（1）承包方的权利。

①依法享有承包地使用、收益和流转的权利，有权自主组织生产经营和处置产品。

②承包地被依法征用、占用的，有权依法取得相应的补偿。

③法律、行政法规规定的其他权利。

（2）承包方的义务。

①维持土地的农业用途，不得用于非农业建设。

②依法保护和合理利用土地，不得给土地造成永久性损害。

③制止承包方损害承包地和农业资源的行为。

④法律、行政法规规定的其他义务。

六、农村土地承包合同纠纷的解决

在土地承包过程中，发包方和承包方难免发生一些纠纷，这些纠纷的解决途径有以下几种。

1. 协商

发包方与承包方发生纠纷后，能够协商解决争议，是纠纷解决的最好办法。这样既节省时间，又节省人力和物力，但是并不是所有的纠纷都可以通过协商的方式解决。

2. 调解

纠纷发生后，可以请求村民委员会、乡（镇）人民政府调解，也可以请求政府的农业、林业等行政主管部门以及政府设立的负责农业承包管理工作的农村集体经济管理部门进行调解；调解不成的，可以寻求仲裁或者诉讼途径解决纠纷。

3. 仲裁或诉讼

当事人不愿协商、调解或者协商、调解不成的，可以向农村土地承包仲裁机构申请仲裁。对仲裁不服的，可以向人民法院起诉。当然，当事人也可以不经过仲裁，直接向人民法院起诉。

第二节　创建农产品品牌

一、名牌农产品认定

（一）基本条件

1. 申请人需要具备的条件

（1）申请人要具有独立的企业法人或社团法人资格，法人注册地址在中国境内。

（2）有健全和有效运行的产品质量安全控制体系、环境保护体系，建立产品质量追溯制度。

（3）按照标准化方式组织生产。

（4）有稳定的销售渠道和完善的售后服务。

（5）最近3年内无质量安全事故。

2. 申请"中国名牌农产品"称号的产品，需要具备的条件

（1）产品符合国家有关法律法规和产业政策的规定。

（2）在中国境内生产，有固定的生产基地，批量生产至少3年。

（3）在中国境内注册并归申请人所有的产品注册商标。

（4）符合国家标准、行业标准或国际标准。

（5）市场销售量、知名度居国内同类产品前列，在当地农业和农村经济中占有重要地位，消费者满意程度高。

（6）产品质量检验合格。

（7）食用农产品应获得"无公害农产品""绿色食品"或者"有机食品"称号之一。

（8）申报产品必须是省级名牌农产品，不是省级名牌农产品的，由省级农业行政主管部门出具本省未开展省级名牌农产品认定工作的证明。

（二）认定程序

农业部成立中国名牌农产品推进委员会，负责组织领导中国名牌农产品评选认定工作，中国名牌农产品实行年度评审制度。

1. 申报范围

种植业类、畜牧业类、渔业类初级产品。

2. 申报材料

（1）《中国名牌农产品申请表》。

（2）申请人营业执照和注册商标复印件。

（3）农业农村部授权的检测机构或其他通过国家计量认证的检测机构，按照国家或行业等标准对申报产品出具的有效质量检验报告原件。

（4）采用标准的复印件。

（5）申请产品获得专利的，提供产品专利证书复印件及地级市以上知识产权部门对申请人知识产权有效性的意见。

（6）申请产品获得科技成果奖的，提供省级以上（含省级）政府或科技行政主管部门的科技成果获奖证书复印件。

（7）申请人获得产品认证的，提供相关证书复印件。

（8）由当地税务部门提供的税收证明复印件。

（9）其他相关证书、证明复印件。

3. 申报程序

符合条件的申请人向所在省（自治区、直辖市及计划单列市）农业行政主管部门，提交一式两份《中国名牌农产品申请表》和其他申报材料的纸质件。各省（自治区、直辖市及计划单列市）农业行政主管部门省（自治区、直辖市及计划单列市）农业行政主管部门负责申报材料真实性、完整性的审查。符合条件的，签署推荐意见，报送中国名牌农产品推进委员会（以下简称名推委）办公室。凡是没有省（自治区、直辖市及计划单列市）农业行政主管部门推荐意见的申报材料，不予受理。

名推委办公室组织评审委员会对申报材料进行评审，形成推荐名单和评审意见，上报名推委。名推委召开全体会议，审查推荐名单和评审意见，形成当年度的中国名牌农产品拟认定名单，并通过新闻媒体向社会公示，广泛征求意见。名推委全体委员会议审查公示结果，审核认定当年度的中国名牌农产品名单。对已认定的中国名牌农产品，由农业农村部授予"中国名牌农产品"称号，颁发《中国名牌农产品证书》，并向社会公告。

（三）监督管理

1. 中国名牌农产品有效期管理规定

"中国名牌农产品"称号的有效期为 3 年。在有效期内，《中国名牌农产品证书》持有人应当在规定的范围内使用"中国名牌农产品"标志。

对获得"中国名牌农产品"称号的产品实行质量监测制度。获证申请人每年应当向名推委办公室提交由获得国家级计量认证资质的检测机构出具的产品质量检验报告。名推委对中国名牌农产品进行不定期抽检。

2. 中国名牌农产品撤销管理规定

《中国名牌农产品证书》持有人有下列情形之一的，撤销其"中国名牌农产品"称号，注销其《中国名牌农产品证书》，并在 3 年内不再受理其申请。

（1）有弄虚作假行为的。

（2）转让、买卖、出租或者出借中国名牌农产品证书和标志的。

（3）扩大"中国名牌农产品"称号和标志使用范围的。

（4）产品质量抽查不合格的，消费者反映强烈，造成不良后果的。

（5）发生重大农产品质量安全事故，生产经营出现重大问题的。

（6）有严重违反法律法规行为的。

未获得或被撤销"中国名牌农产品"称号的农产品，不得使用"中国名牌农产品"称号与标志。

从事中国名牌农产品评选认定工作的相关人员，应当严格按照有关规定和程序进行评选认定工作，保守申请人的商业和技术秘密，保护申请人的知识产权。

二、ISO 9000、HACCP 和 GAP 认证

近年来，随着国际市场竞争的日趋激烈，质量认证已被越来越多的国家所重视和采用。经过质量认证的产品，不但提高了消费者购买产品时的安全感，也在对外合作中提高了与合作伙伴的信任度。国际标准化组织（International Organization for Standardization, ISO）于 1987 年发布了 ISO 9000 国际标准，将产品质量以最终检验与试验的最终把关转化为对产品全过程加以管理和实施监督。ISO 9000 标准的贯彻推行及其认证的发展，为企业或组织在提高质量管理水平和质量保证能力、减少企业经营成本，降低经营风险、消除贸易技术壁垒等方面作出了积极的贡献。

HACCP（危害分析和关键点控制）是一种科学、简便、实用的预防性食品安全质量控制体系。它的实施相容于 ISO 9000 质量管理体系，是在质量管理体系下管理食品安全的一种系统方法。HACCP 作为一个完整的预防性食品安全质量控制体系，是建立在良好生产规范（GMP）和卫生标准操作程序（SSOP）的基础上的。HACCP 的实施在很大程度上可提高产品质量，延长货架期，使管理水平出现质的飞跃。它是目前世界上极为关注的一种食品卫生监督管理方式，联合国食品标准委员会也推荐 HACCP 制度为食品有关的世界性指导纲要。这是保证食品、保健品安全与卫生得到有效控制的管理体系标准，适合于不同规模和类型的食品、保健品的生产、加工、储存、运输的销售商和企业。

1997 年欧洲零售商农产品工作组（EUREP）在零售商的倡导下提出了"良好农业操作规范（Good Agricultural Practices，GAP）"，简称为 EUREPGAP；2001 年 EUREP 秘书处首次将 EUREPGAP 标准对外公开发布。EUREPGAP 标准主要针对初级农产品生产的种植业和养殖业，分别制定和执行各自的操作规范，鼓励减少农用化学品和药品的使用，关注动物福利、环境保护、工人的健康、安全和福利，保证初级农产品生产安全的一套规范体系。它是以危害预防（HACCP）、良好卫生规范、可持续发展农业和持续改良农场体系为基础，避免在农产品生产过程中受到外来物质的严重污染和危害。该标准主要涉及大田作物种植、水果和蔬菜种植、畜禽养殖、畜禽公路运输等农业产业。

三、品牌建设

农产品是人类赖以生存的主要商品，也是质量隐蔽性很强的商品，需要利用品牌进行产品质量特征的集中表达和保护。农产品品牌战略是通过品牌实力的积累，塑造良好的品牌形象，从而建立顾客忠诚度，形成品牌优势，再通过品牌优势的维持与强化，最终实现创立农产品品牌与发展品牌。

（一）农产品品牌形成的基础

（1）品种不同。不同的农产品品种，其品质有很大差异，主要表现在营养、色泽、风味、香气、外观和口感上，这些直接影响消费者的需求偏好。品种间这种差异越大，就越容易使品种以品牌的形式进入市场并得到消费者认可。

（2）生产区域不同。"橘生淮南则为橘，生于淮北则为枳"。许多农产品即使种类相同，其产地不同也会形成不同特色，因为农产品的生产有最佳的区域。不同区域的地理环境、土质、温湿度、日照、土壤、气候、灌溉水质等条件的差异，都直接影响农产品品质的形成。

（3）生产方式不同。不同农产品的来源和生产方式也影响农产品的品质。野生动物和人工饲养的动物在品质、营养、口味等方面就有很大的差异；自然放养和圈养的品质差别也很大；灌溉、修剪、嫁接、生物激素等的应用，也会造成农产品品质的差异。采用有机农业方式生产的农产品品质比较好，而采用无机农业生产方式生产的农产品品质较差。

（二）农产品品牌建设

农产品品牌建设是一项系统工程，一般要注重以下几个方面。

（1）农产品品牌建设内容主要包括质量满意度、价格适中度、信誉联想度和产品知名度等。质量满意度主要包括质量标志、集体标志、外观形象和口感等要素。价格适中度主要包括定价适中度、调价适中度等。信誉联想度包括信用度、联想度、企业责任感、企业家形象等要素。产品知名度则体现为提及知名度、未提及知名度、市场占有率等。

（2）农产品品牌建设是一个长期、全方位努力的过程，一般包括规划、创立、培育和扩张 4 个环节。品牌规划主要是通过经营环境的分析，确定产品选择，明确目标市场和品牌定位，制定品牌建设目标。品牌创立主要包括品牌识别系统设计、品牌注册、品牌产品上市和品牌文化内涵的确定等。品牌培育主要内容包括质量满意度、价格适中度、信誉联想度和产品知名度的提升。品牌扩张包括品牌保护、品牌延伸、品牌连锁经营和品牌国际化等。

四、注册商标是培育品牌最简便易行的做法

现代社会，商标信誉是吸引消费者的重要因素。随着农产品市场化程度的不断提高，农产品之间的竞争日益激烈，注册商标是农产品顺利走向市场的必经途径之一。

（一）商标是农产品的"身份证"

商标是识别某商品、服务或与其相关具体个人或企业的显著标志。商标经过注册，受法律保护。对于农产品来说，商标可以用于区别来源和品质，是农产品生产经营者参与竞争、开拓市场的重要工具，同时也承载了农业生产经营管理、员工素质、商业信誉等，体现了农产品的综合素质。商标还起着广告的作用，也是一种可以留传后世永续存在的重要无形资产，可以进行转让、继承，作为财产投资、抵押等。

（二）农产品商标注册程序

《中华人民共和国农业法》第四十九条规定，国家保护植物新品种、农产品地理标志等知识产权。《中华人民共和国商标法》第三条规定，经商标局核准注册的商标为注册商标，包括商品商标、服务商标和集体商标、证明商标；商标注册人享有商标专用权，受法律保护。商标如果不注册，使用人就没有专用权，就难以禁止他人使用。因此，在农产品上使用的商标要获得法律保护，应进行商标注册。

《中华人民共和国商标法》规定，自然人、法人或者其他组织可以申请商标注册。因此，农村承经营户、个体工商户均可以以自己的名义申请商标注册。申请注册的商标应当具有显著性，不得违反商标法的规定，并不得与他人在先的权利相冲突。

申请文件准备齐全后，即可送交申请人所在地的县级以上工商行政管理局，由其向国家工商行政管理总局商标局核转，也可委托商标代理机构办理商标注册申请手续。

（三）农产品注册商标权益保护

商标注册后，注册人享有专用权，他人未经许可不得使用，否则构成侵权，将受到法律的惩罚。商标侵权行为是指行为人未经商标所有人同意，擅自使用与注册商标相同或近似的标志，或者干涉、妨碍商标所有人使用注册商标、损害商标权人商标专用权的行为。侵权人通常需承担停止侵权的责任，明知或应知是侵权的行为人还要承担赔偿的责任。情节严重的，还要承担刑事责任。

判断是否构成商标侵权，不仅要比较相关商标在字形、读音、含义等构成要素上的近似性，还要考虑其近似是否达到足以造成市场混淆的程度。

当确认商标被侵权时，按照我国商标法的规定，商标注册人或者利害关系人可以向人民法院起诉，也可以请求工商行政管理部门处理。

第三节　人力资源管理

人力资源管理的目标主要有 3 个方面：一是最大限度地满足组织人力资源的需求；二是最大限度地开发与管理组织内外的人力资源；三是维护与激励组织内的人力资源。人力资源管理最重要的是做好规范化管理工作。

一、加强人力资源管理的意义

随着知识经济时代的到来，人力资源已逐渐代替物质资源和金融资源，成为企业最核心的资源。人力资源管理对企业发展的重要作用已成为全社会的共识，因此人力资源管理的好坏，将决定着企业未来的命运，它已成为企业管理的核心。

（一）人力资源管理是现代社会经济的迫切需要

现在员工的素质越来越高，甚至超过了实际需要，越来越多的员工感觉自己大材小用。在这种情况下，如何激励这些自觉屈才的员工就变得很关键，这一点对中小微企业也特别重要。

（二）人力资源管理帮助管理人员实现目标

这是因为人力资源管理能够帮助企业管理人员达到以下目的：用人得当，事得其人；降低员工的流动率，使员工努力工作；有效率地面试，以节省时间；使员工认为自己的薪酬公平合理；对员工进行充足的训练，以提高各个部门的效能。这些都是企业中各个部门和所有经理人员的普遍愿望。

（三）人力资源管理能够提高员工的工作绩效

人力资源管理是以人的价值观为中心，为处理人与工作、人与人、人与组织的互动关系而采取的一系列开发与管理活动。人力资源管理的结果，就组织而言，是组织的生产率提高和竞争力增加，就员工而言，则是员工的工作生活质量提高与工作满意感增加。

二、人力资源管理的基本功能

（一）获取

获取主要包括人力资源规划、招聘与录用。为了实现组织的战略目标，人力资源管理部门要根据组织结构确定职务说明书与员工素质要求，制订与组织目标相适应的人力资源需求与供给计划，并根据人力资源的供需计划而开展招募、考核、选拔、录用与配置等工作。显然，只有首先获取了所需的人力资源，才能对之进行管理。

（二）整合

这是使员工之间和睦相处、协调共事、取得群体认同的过程，是员工与组织之间个人认知与组织理念、个人行为与组织规范的同化过程，是人际协调职能与组织同化职能。现代人力资源管理强调个人在组织中的发展，个人的发展势必会引发个人与个人、个人与组织之间的冲突，产生一系列问题，这就需要整合。整合主要内容有：①组织同化，把个人价值观趋同于组织理念、个人行为服从于组织规范，使员工对组织认同并产生归属感。②群体中人际关系的和谐。③矛盾冲突的调解与化解。

（三）奖酬

奖酬指为员工对组织所作出的贡献而给予奖酬的过程，属于人力资源管理的激励与凝聚职能，也是人力资源管理的核心。其主要内容为：根据对员工工作绩效进行考评的结果，公平地向员工提供合理的、与他们各自的贡献相称的工资、奖励和福利。这项基本功能的根本目的是增强员工的满意感，提高其劳动积极性和劳动生产率，增加组织的绩效。

（四）调控

这是对员工实施合理、公平的动态管理的过程，属于人力资源管理中的控制与调整职能。它包括：①科学、合理的员工绩效考评与素质评估。②以考绩与评估结果为依据，对员工使用动态管理，如晋升、调动、奖惩、离退、解雇等。

（五）开发

这是人力资源开发与管理的重要职能。人力资源开发是指对组织内员工素质与技能的培养与提高，以及使他们的潜能得以充分发挥，最大化地实现其个人价值。它主要包括组织与个人开发计划的制订，组织与个人对培训和继续教育的投入，培训与继续教育的实施，员工职业生涯开发及员工的有效使用。

三、人力资源管理中存在的问题

（一）不重视人力资源管理

很多家族企业，管理层多以家庭成员为主，文化程度、市场化观念和现代企业制度意识都有欠缺，从思想上对人力资源管理不够重视，企业内部也没有明确的人力资源管理制度，管理的随意性较大，甚至认为人力资源部门是花钱的部门，不能产生效益，不愿意将资源和资金投入到人力资源管理上。

（二）人力资源管理缺少规划

由于中小微企业一般缺乏较明确的发展战略，因此在人力资源管理方面也不可能有明确的计划。在缺少合格人员时，才考虑招聘；在人员素质不符合企业发展需要时，才考虑培训。由于缺少规划，导致人力资源管理上存在较大的随意性，使得人员流动性较大，最终影响了企业正常的生产经营。

（三）人员的年龄构成和知识结构不合理

很多中小微企业的人员都是靠朋友关系介绍来的，所以都是一个圈子的人，知识结构、世界观都比较接近，有的公司甚至所有的人都是一个专业的。另外，很多中小微企业的老板都很现实，要求人员到岗必须立刻能胜任工作，因此大部分人员的年龄偏大，缺乏朝气和活力。

（四）岗位职责不明确，一人多职

由于企业没有对岗位进行梳理，岗位描述缺乏或不到位，结果是经常等事情出来了才临时安排人去干，常常不能明确谁该负责，造成要么谁都管，要么谁都不管的现象，还有的企业存在"红人"现象，老板经常什么事都安排关系亲近的人去办。

（五）人员招聘过程缺乏系统性

由于中小微企业缺乏岗位职责的明确界定，也就无法明确到底需要招聘什么样的人员。首先，由于缺少人力资源规划，因此招聘总是没有充分的准备。其次是招聘程序不严格、不科

学，导致招聘中容易出现失误，如有时候人事部门直接决定录
用，或者老板直接决定，用人部门不参与招聘过程等现象经常
发生。

（六）人员考核不规范

首先，由于员工的责、权、利不明确，工作职责不清晰，
因而企业缺乏衡量部属工作成绩的明确标准，导致考核难以执
行和落实。其次，由于没有规范明确的考核制度，考核人无法
进行有效的考核，导致考核流于形式，无法发挥作用。

（七）激励措施缺乏科学性

中小微企业的激励措施或行为随意性较大，通常根据管理
者的心情或感觉来做，往往使下属无所适从，员工更加茫然，
激励行为达不到预期目的。另外，企业内部工资结构往往不能
体现出岗位的价值，表现在工资收入与业绩衔接不合理，经常
有"大锅饭"的现象存在，所以员工感觉不公平，激励措施执
行后，达不到预期效果。

四、改进中小微企业人力资源管理的思路

中小微企业要想做好人力资源建设，必须从自身做起。根
据中小微企业自身的发展，每个中小微企业都必须建立起一套
人力资源规划体系。具体可以从以下几个方面入手。

（一）重视人力资源工作

首先，企业要加强学习，人员要参加培训，提高认识，转
变思路，树立"人力资源开发与管理是企业战略性管理"的观
念，明确人才是企业发展的关键，强化"以人为本"的意识。
其次，结合企业特点设置人力资源管理部门或采取人力资源外
包的形式，由专门的人员来行使人力资源管理的职能，使之科
学化、规范化。

（二）做到小而精

现在国内很多中小微企业稍有成功，就只求大，拼命地去

扩张。这种经营战略是行不通的，所以很多中小微企业做不了多少年，随着规模的扩大而倒闭了。中小微企业要利用自身优势，将优势发挥到极致，这是中小微企业活得更好的一大法宝。要做精做细，突出自己的优势，才会立于不败之地。

（三）建立完善的激励机制

员工很多时候是要靠激励才能够发挥最大潜能的，中小微企业要用奖惩制度去激发员工的潜能，让员工的潜能发挥到极致。

（四）善待员工

善待员工，是留住人才的唯一法宝。这种善待，不仅指精神上给予人才的满足，适当地也要配以物质利益。

（五）量才而用

很多中小微企业由于每年的营业收入不是很多，过分依靠节支来产生利润，所以不愿高薪聘请一些有真才实学之人，从而导致优秀人才的缺乏。此外，企业要时刻记住要用人的长处，控制人的短处，这是用人必胜之法。

第四节　融资管理

融资管理是现代中小微企业财务管理的基本职能之一，是中小微企业资金管理中的重要环节。中小微企业应加强融资管理，拓展融资渠道，利用不同的融资手段和方法，实现中小微企业资产价值最大化，促进中小微企业稳定发展与升级转型。

一、中小微企业融资管理现状与存在的问题

（一）难以进入资本市场

中小微企业一般处于初创阶段和发展阶段，规模小、资金实力有限，市场认知度较低；中小微企业自有资产的杠杆价值较低；中小微企业的初创特性决定其参与直接投资资本市场可能性极低。迄今为止，我国也只有为数不多的中小微企业可以

通过中小微企业板和创业板上市融资，绝大多数中小微企业无法进入资本市场融资。

（二）融资结构不合理

我国中小微企业的发展主要依靠自身积累，严重依赖内源融资，外源融资比重小；在以银行借款为主渠道的融资方面，借款的形式一般以抵押或担保贷款为主；在借款期限方面，中小微企业一般只能借到短期贷款，若以固定资产投资以科技开发为目的申请长期贷款，则常常被银行拒之门外；正规融资渠道的狭窄和阻塞使许多中小微企业为求发展不得不从民间借高利贷。

（三）企业信用等级低

我国中小微企业大多缺乏规范的财务管理制度和有效的公司治理体系，融资意识淡薄，财务信息真实性差，透明度不高；较重视供、产、销环节的程序控制，而忽视诚信经营问题，信用观念淡薄；企业发展不稳定，处于产业链下端，大多数中小微企业属于简单加工、制造和服务业，缺乏核心竞争力，影响了中小微企业的偿债能力，造成了其履约能力的下降。

（四）受外部经济环境影响大

现行上市融资、发行债券、信托融资的法律法规和政策导向不完备，中小微企业板进入门槛也较高；财政扶持力度不足，招商渠道太少，信用担保起步较晚；同时国家加强宏观调控，银根抽紧；沿海城市中小微企业民间的非法融资，导致停产、破产，扰乱了正常的金融秩序，资金流向虚拟经济。

二、改善中小微企业融资管理的对策

（一）处理好政府与银行间的关系

1. 增强抵御市场风险的能力

中小微企业的弱小特点决定了其必须走专业化协作之路，提倡"大产业、大项目、大企业、大平台"，政府继续发挥组织

协调优势，中小微企业要根据自身的行业、区域特点建立合适的组织模式与大企业联合，同其形成协作配套关系；或在中小微企业之间开展联合，组成中小微企业联合体或企业集团。只有这样，才能使企业在激烈的市场竞争中增强抵御风险的能力。

2. 进一步拓宽直接融资的渠道

一是建立中小微企业风险投资基金。风险投资的功能在于将社会闲散资金聚集起来，形成一定规模的风险投资。二是鼓励中小微企业间开展金融互助合作。政府通过规定协会的组织职能，鼓励中小微企业进行自助和自律活动。例如，可以成立中小微企业金融互助协会，实行会员制，企业交纳一定会费，可申请得到数倍于入会费的贷款。

3. 构建资信评级体系

建立政府机构掌握的信息共享机制，培育征信市场，设立资信评级机构，培育专业人才，为中小微企业融资提供资信评级服务。

4. 为中小微企业提供全方位的金融服务

银行对中小微企业提供从企业创办、生产经营、贷款回收全过程的金融服务，包括投资分析、项目选择、融资担保、财务管理、资金运作、市场营销等内容。全方位的一条龙服务，将极大地增强中小微企业客户市场竞争力，保证贷款的回收，降低信贷的风险。中小微企业改制与重组是盘活沉淀在中小微企业中的银行债权的重要途径。通过资产换置及变现，部分银行贷款得以回收。

（二）提升中小微企业自身素质

1. 守法经营，以诚信铸就品牌

以专业创造价值，夯实管理基础，完善内控机制，调整业务结构，推进业务转型，建立健全资产安全完整维护体系，提高资金使用效率；加强应收账款的管理，对赊销客户的信用进行等级评定，缩短收回账款的时间，防止发生坏账；加强存货的管理，确保存货资金的最佳结构。

2. 拓宽融资渠道

融资渠道分为债务融资、权益融资。债务融资可细分为银行主导融资（含信用贷款、担保贷款、抵押贷款、票据贴现）、债券融资、应收账款质押融资、保理融资等。

3. 防范融资风险

企业自身须增强法律意识，充分认识到融资过程中可能发生的法律风险，要与律师紧密配合，在融资前未雨绸缪，防范非法集资、非法吸收公众存款，防止疏漏和陷阱。应避免为取得贷款作出损害企业利益的行为，如盲目为第三方提供担保。在申请贷款时，不能对银行有不实陈述，不得提供虚假材料，编制不存在的贷款用途，切忌把贷款挪作他用。

第五节　做好市场调研

一、市场调查的含义

市场调查是指运用科学的方法，有目的、有系统地搜集、记录、整理有关市场营销信息和资料，分析市场情况，了解市场的现状及其发展趋势，为市场预测和营销决策提供客观、正确的资料。

二、农产品市场信息的分类及来源

农产品市场信息资料一般分为两类：一类为第一手资料，又称原始资料，是调查人员通过现场实地调查所收集的资料；另一类为第二手资料，是他人为某种目的而收集并经过整理的资料。第二手资料的来源包括如下几种。

（1）农产品经营企业内部资料，包括企业内部各有关部门的记录、统计表、报告、财务决算、用户来函等。

（2）政府机关的统计资料，如统计公报、统计资料汇编、农业年鉴等。

（3）公开出版的期刊、文献、报纸、杂志、书籍、研究报告等。

（4）农产品市场研究机构、广告公司等公布的资料。

（5）农产品行业协会公布的行业信息。

（6）农业展览会、展销会公开发送到资料。

（7）信息网络、供应商、分销商提供的信息资料。

三、农产品市场调查的内容

由于影响农产品经营企业营销的因素很多，所以市场调查的内容非常广泛。凡是直接或间接影响农产品经营企业营销活动、与企业营销决策有关的因素都可能被纳入调查的范围。

（一）宏观环境发展状况

农产品经营企业是社会经济的细胞，是整个国民经济有机整体的组成部分。社会对农产品品种、规格、质量和数量等各方面的要求，是受整个社会总需求制约的。而社会总需求的动态是与国家的宏观环境直接相关的。

对宏观环境因素的调研，包括对经济环境、自然环境、人口环境、政治法律环境、技术环境、社会文化环境等的调研。

（二）农产品市场需求状况

农产品的市场需求是指在特定的地理区域、特定的时间、特定的营销环境中，特定的顾客愿意购买的总量，包括现实的需求量和潜在的需求量。因此，市场需求调查包括对消费者的特点进行调查，消费者不同，其需要的特点也不同；还包括对影响用户需要的各种因素进行调查，如购买力、购买动机等。

（三）农产品销售状况

调查内容包括以下 4 点。

（1）农产品经营企业现有产品所处的生命周期阶段及相应的产品策略、新产品开发情况、产品现阶段销售、成本、售后服务情况以及产品包装、品牌知名度等方面。

（2）消费者对农产品可接受的价格水平、对产品价格变动的反应、新产品的定价方法及市场反应、定价策略的运用等。

（3）农产品经营企业现有的销售力量是否适应需要、现有的销售渠道是否合理。

（4）目前农产品经营企业采用了哪些促销手段，广告销售效果、媒体选择、方案设计调查及相关促销方式调查。

（四）竞争状况

竞争状况包括行业竞争对手的数量、名称、经济实力、生产能力、产品特点、市场分布、销售策略、市场占有率及其竞争发展战略等。

四、农产品市场调查的步骤

对于农产品经营企业经营者来说，市场调查是最基础也是最根本的一个步骤。如果调查的方向和内容错了，将会给企业带来很大的损失。一个好的调查结构，有可能将一个濒临停产的产品拯救回来，并为企业创造收益。

一般来说，市场调查可分为4个阶段：调查前的准备阶段、正式调查阶段、综合分析资料阶段和提出调查报告阶段。

（一）调查前的准备阶段

对农产品经营企业提供的资料进行初步的分析，找出问题存在的征兆，明确调查课题的关键和范围，选择最主要也是最需要的调查目标，制订出市场调查的方案。其主要包括：市场调查的内容、方法和步骤，调查计划的可行性、经费预算、调查时间等。

（二）正式调查阶段

市场调查内容有多个方面，因农产品经营企业和情况而异，综合起来，分为以下4类。

（1）市场需求调查，即调查农产品经营企业产品在过去几年中的销售总额、现在市场的需求量及其影响因素，要重点进行购买力调查、购买动机调查和潜在需求调查，其核心是寻找市场经营机会。

（2）竞争者情况调查，包括竞争对手的基本情况、竞争对手的竞争能力、经营战略、新产品、新技术开发情况和售后服务情况。

（3）对农产品经营企业经营战略决策执行情况调查，如产品的价格、销售渠道、广告及推销方面情况、产品的商标及外包装情况、存在的问题及改进情况。

（4）政策法规情况调查，政府政策的变化，法律、法规的实施，都对农产品经营企业有重大影响。例如，税收政策、银行信用情况、能源交通情况、行业的限制等，都和农产品经营企业、产品关系重大，也是市场调查不可分割的一部分。

（三）综合分析资料阶段

当统计分析研究和现场直接调查完成后，市场调查人员拥有大量的一手资料。对这些资料首先要编辑，选取一切有关的、重要的资料，剔除没有参考价值的资料。然后，对这些资料进行编组或分类，使之成为某种可供备用的形式。最后，把有关资料用适当的表格形式展示出来，以便说明问题或从中发现某种典型的模式。

（四）提出调查报告阶段

经过对调查材料的综合分析整理，便可根据调查目的撰写出一份调查报告，得出调查结论。特别需要注意的是，调查人员不应当把调查报告看作市场调查的结束，而应继续注意市场情况变化，以检验调查结果的准确程度，并发现新的市场趋势，为改进以后的调查打好基础。

第六节　农产品包装

大多数的农业经营者不重视农产品的包装工作。其实，包装对于农产品销售十分重要。一方面，包装可增加农产品的美观度，提高产品档次；另一方面，包装可以保质保鲜，延长农产品的储存时间，有利于农产品的销售。因此，企业要充分重视农产品的包装工作，设计符合农产品特色和风味的包装，增加农产品的价值，提高农产品的价格。

一、产品包装标准化

小小包装赚大钱。可通过包装增值，提高农产品的品位，增强市场竞争力。同样的产品，通过简单包装就能明显起到增值的效果。生产者、销售者应充分认识到这个问题，包装不仅仅可以保护产品，而且可以增加美观度与盈利，便于储运，促进销售。目前，大部分农产品不配备包装，或是包装过于简陋，而产品通过包装可以充分区别于其他农产品的外观，更利于顾客的认知，能很好地体现出本产品的独特个性。因此，包装的宣传作用不可小觑。农产品营销过程中应突出产品的个性与特性，而包装就是一个很好的载体。

在开发新产品的同时，经营者一定要高度重视包装，实现包装标准化，为农产品的增值创造条件。例如，四川目前的散装茶叶一般为几十元1千克，而包装好的盒装茶叶一般都要200元以上，品牌茶叶价格就更高了。又如，江西省广丰蜜橘，零散的只能卖到4元1千克，而包装好的一箱只有5千克，却卖到了100元。每千克足足贵了16元，而包装箱的成本还不到5元。

二、农产品常用包装策略

现代商品经济社会，包装对商品流通起着极其重要的作用，包装质量直接影响到商品能否以完美的状态传输到消费者手中，包装的设计和装潢水平直接影响到企业形象乃至商品本身的市场竞争力。随着人民生活水平的提高，原有消费习惯和生活方式开始不断改变。为适应这种变化，包装设计的一项重要任务就是更好地符合消费者的生理与心理需要，通过更人性化的包装设计让人们的生活更舒适、更富有色彩。因此，在农产品的包装上，要制定好包装策略，因为选择不同的包装策略将得到不同的包装效果。

（一）突出食品形象的包装策略

突出食品形象，是指在食品包装上通过多种表现方式突出该食品是什么、有什么功能、内部成分和结构如何等形象要素的表现方式。这一策略着重于展示食品的直观形象。随着购买过程中自主选择空间的不断增大、新产品的不断涌现，厂商很难将所有产品的全部信息都详细地向消费者介绍，但通过在包装上再现产品品质、功用、色彩、美感等策略，可有助于商品充分地传达自身信息，给选购者直观印象，以产品本身的魅力吸引消费者，缩短选择的过程。

（二）突出食品用途和使用方法的包装策略

突出食品用途和使用方法的策略是通过包装的文字、图形及其组合告诉消费者，该食品是什么样的产品，有什么特别之处，在哪种场合使用，如何使用最佳，使用后的效果是什么。这种包装策略给人们简明易懂的启示，让人一看就懂、一用就会，并有知识性和趣味性，比较受消费者的欢迎。

（三）展示企业整体形象的包装策略

企业形象对产品营销具有四两拨千斤的作用，因此，很多企业从产品经营之初就注重企业形象的展示与美誉度的积淀。这种包装策略企业文化积淀比较深厚，有的企业挖掘企业文化较好，并且能与开发的食品有机地融合在一起来宣传，达到了既展示企业文化又介绍产品的目的，给消费者留下了深刻印象，有利于促销。

（四）突出食品特殊要素的包装策略

任何一种商品化的食品都有一定的特殊背景，如历史、地理背景，人文习俗背景，神话传说或自然景观背景等，包装设计中若能恰如其分地运用这些特殊要素，就能有效地区别同类产品，同时使消费者将产品与背景进行有效链接，迅速建立概念。这种包装策略若运作得好，可使人产生联想，有利于增强人们购买的欲望，扩大销路。

第六章　健康生活

第一节　保持身心健康

随着时代的发展和科学技术的进步，温饱问题逐渐得到解决，慢慢步入了小康社会，人们也就越来越重视自己的健康。因为没有健康，就无法拥有财富、爱情和幸福，也等于失去一切。究竟什么是健康呢？一般人不一定完全了解，因为健康并不单单是以前大家理解的所谓不生病就是健康。

1946 年，世界卫生组织就明确指出：健康不仅是没有疾病或虚弱，它是一种在躯体上、心理上和社会等各个方面都能保持完全和谐的状态。可见，全面健康至少应包括身体健康和心理健康两个方面，二者密切相关，无法分割；而具有社会适应能力也是国际上公认的心理健康的首要标准，即要求个体的各种活动和行为能适应复杂的环境变化，与他人相处和谐。三者缺一不可，这就是健康概念的精髓。

一、职业农民心理健康的标准

（一）了解自我，悦纳自我

一个心理健康的人能体验到自己的存在价值，既能了解自己，又能接受自己，对自己的能力、性格和优缺点都能作出恰当的、客观的评价；对自己不会提出苛刻的、非分的期望与要求；对自己的生活目标和理想也能定得切合实际，因而对自己总是满意的；同时，努力发展自身的潜能，即使对自己无法补救的缺陷，也能安然处之。一个心理不健康的人则缺乏自知之明，并且总是对自己不满意；由于所定目标和理想不切实际，主观和客观的距离相差太远而总是自责、自怨、自卑；由于总是要求自己十全十美，而自己却又总是无法做到完美无缺，于是就总是同自己过不去，结果是使自己的心理状态永远无法平衡，也无法摆脱自己感到将要面临的心理危机。

（二）接受他人，善与人处

心理健康的人乐于与人交往，不仅能接受自我，也能接受他人、悦纳他人，能认可别人存在的重要性和作用，同时也能为他人所理解，为他人和集体所接受，能与他人相互沟通和交往，人际关系协调和谐。在生活的集体中能与大家融为一体，既能在与挚友同聚之时共享欢乐，也能在独处沉思之时而无孤独之感。因而在社会生活中有较强的适应能力和较充足的安全感。一个心理不健康的人，总是自外于集体，与周围的人们格格不入。

（三）正视现实，接受现实

心理健康的人能够面对现实，接受现实，并能主动地去适应现实，进一步地改造现实，而不是逃避现实。能对周围事物和环境作出客观的认识和评价，并能与现实环境保持良好的接触，既有高于现实的理想，又不会沉湎于不切实际的幻想与奢望中，同时对自己的力量有充分的信心，对生活、学习和工作中的各种困难和挑战都能妥善处理。心理不健康的人往往以幻想代替现实，而不敢面对现实，没有足够的勇气去接受现实的挑战，总是抱怨自己"生不逢时"或责备社会环境对自己不公而怨天尤人，因而无法适应现实环境。

（四）热爱生活，乐于工作

心理健康的人能珍惜和热爱生活，积极投身于生活，并在生活中尽情享受人生的乐趣，而不会认为是重负。他们还在工作中尽可能地发挥自己的个性和聪明才智，并从工作的成果中获得满足和激励，把工作看作乐趣而不是负担；同时也能把工作中积累的各种有用的信息、知识和技能存储起来，便于随时提取使用，以解决可能遇到的新问题，克服各种各样的困难，使自己的行为更有效率，工作更有成效。

（五）能协调与控制情绪，心境良好

心理健康的人，愉快、乐观、开朗、满意等积极情绪总是占优势的，虽然也会有悲、忧、愁、怒等消极情绪体验，但一般不会长久；同时能适度地表达和控制自己的情绪，喜不狂、忧不绝、胜不骄、败不馁，谦而不卑，自尊自重。他们在社会交往中既不妄自尊大，也不退缩畏惧；对于无法得到的东西不过于贪求，争取在社会允许范围内满足自己的各种需要；对于自己能得到的一切感到满意，心情总是开朗、乐观的。

（六）人格完整和谐

心理健康的人，其人格结构包括气质、能力、性格和理想、信念、动机、兴趣、人生观等各方面能平衡发展。人格作为人的整体的精神面貌，能够完整、协调、和谐地表现出来；思考问题的方式是适中和合理的，待人接物能采取恰当灵活的态度，对外界刺激不会有偏颇的情绪和行为反应；能够与社会的步调合拍，也能和集体融为一体。

（七）智力正常，智商在80以上

智力正常是人正常生活最基本的心理条件，是心理健康的重要标准。智力是人的观察力、记忆力、想象力、思考力和操作能力的综合。一般常用智力测验来诊断智力发展的水平。智商低于70者为智力低下。

（八）心理行为符合年龄特征

在人的生命发展的不同年龄阶段，都有相对应的不同的心理行为表现，从而形成不同年龄阶段独特的心理行为模式。心理健康的人应具有与同年龄多数人相符合的心理行为特征。如果一个人的心理行为经常严重偏离自己的年龄特征，一般是心理不健康的表现。

二、职业农民的养生之道

养生是一项系统性活动，需要从多方面入手，不能只注重一个方面而忽视其他方面，要根据自己的身心条件，去选择适合本人的养生方法。尽管方法很多，但归纳起来，主要有调控养生、文化养生、运动养生、饮食养生、药物养生5个方面的内容。

调控养生是通过对心理平衡的调节和生活起居的周密安排，达到健康长寿的目的。主要是调控精神、调控动静、调控饮食，人的精神因素是人生命活动的一根支柱，它直接影响人的生活和健康。性格开朗、心情舒畅、豁达乐观的精神可以起到增强人的整个精神系统的统率作用，使机体各器官的活动协调一致，内分泌正常，新陈代谢良好，有益怯病延寿。反之，精神紧张、情绪压抑、忧郁苦闷，则会导致人的精神系统功能的紊乱、内分泌失调、免疫力下降，导致人身体虚弱而患疾病。运动使生命之钟走得更准确更长久，运动可以提高免疫力，促进消化吸收与新陈代谢，使人的体格健壮，精力充沛，减少各种疾病。饮食是维持生命所必需的，合理的饮食习惯有利于健康，可延年宜寿。

（一）春季饮食要养"阳"

在饮食方面，适宜多吃些能温补阳气的食物。以葱、蒜、韭、蓼、蒿、芥、大枣、山药等辛嫩之菜，杂和而食。进入温暖的春天，人们的身体在此时也在发生着一些变化，春季养生要注重养肝。立春时节，人体的生理变化主要是：一是气血活动加强，新陈代谢开始旺盛；二是肝主藏血、肝主疏泄的功能逐渐加强，人的精神活动也开始变得活跃起来。立春养肝除了注意饮食、起居、运动外，情绪的好坏也很重要。因为春季阳气生发速度开始多于阴气的速度，所以，肝阳、肝火也处在了上升的势头，需要适当地释放。肝是喜欢疏泄讨厌抑郁的，生气发怒就容易肝脏气血淤滞不畅而导致各种肝病，"怒伤肝"就是这个道理。进入春天后，保持心情舒畅，就能让肝火流畅地疏泄出去，如果常常发脾气特别是暴怒，就会导致肝脏功能波动，使火气旺上加旺，火上浇油，伤及肝脏的根本。所以，春季一定要做到心平气和、乐观开朗，如果生气了，要学会息怒，即使生气也不要超过3分钟。

（二）夏季饮食要消"火"

增加一些苦味食物。苦味食物中所含的生物碱具有消暑清热、促进血液循环、舒张血管等药理作用。热天适当吃些苦瓜、苦菜，以及啤酒、茶水、咖啡、可可等苦味食品，不仅能清心除烦、醒脑提神，且可增进食欲、健脾利胃。营养学家建议：高温季节最好每人每天补充维生素 B_1、维生素 B_2 各2毫克，维生素C 50毫克，钙1克，这样可减少体内糖类和组织蛋白的消耗，有益于健康。也可多吃一些富含上述营养成分的食物，如西瓜、黄瓜、番茄、豆类及其制品、动物肝肾、皮等，亦可饮用一些果汁。不可过食冷饮和饮料，气候炎热时适当吃一些冷饮或喝饮料，能起到一定的祛暑降温作用。雪糕、冰砖等是用牛奶、蛋粉、糖等制成的，不可食之过多，过食会使胃肠温度下降，引起不规则收缩，诱发腹痛、腹泻等疾患。饮料品种较多，大都营养价值不高，还是少饮为好，多饮会损伤脾胃，影响食欲，甚至可导致胃肠功能紊乱。勿忘补钾，暑天出汗多，随汗液流失的钾离子也较多，由此造成的低血钾现象，会引起倦怠无力、头昏头痛、食欲不振等症状。热天防止缺钾最有效的方法是多吃含钾食物，新鲜蔬菜和水果中含有较多的钾，可酌情吃一些草莓、杏子、荔枝、桃子、李子等水果；蔬菜中的青菜、大葱、芹菜、毛豆等含钾也丰富。茶叶中亦含有较多的钾，热天多饮茶，既可消暑，又能补钾，可谓一举两得。膳食最好现做现吃，生吃瓜果要洗净消毒。在做凉拌菜时，应加蒜泥和醋，既可调味，又能杀菌，而且增进食欲。饮食不可过度贪凉，以防病原微生物趁虚而入。热天以清补、健脾、祛暑化湿为原则。应选择具有清淡滋阴功效的食品，诸如鸭肉、鲫鱼、虾、瘦肉、食用蕈类（香菇、蘑菇、平菇、银耳等）、薏米等。此外，亦可进食一些绿豆粥、扁豆粥、荷叶粥、薄荷粥等"解暑药粥"，有一定的祛暑生津功效。

（三）秋季饮食要重"润"

秋季饮食重在养肺润燥，少吃辛辣油腻，多吃蔬菜水果。传统中医认为，秋季饮食应贯彻"少辛多酸"的原则，以平肺气、助肝气，以防肺气太过胜肝，使肝气郁结。尽可能少食用葱、姜、蒜、韭、椒等辛味之品，不宜多吃烧烤，以防加重秋燥症状。秋季也最易便秘，应当多吃蔬菜、水果，可以多食用芝麻、糯米、蜂蜜、荸荠、葡萄、萝卜、梨、柿子、莲子、百合、甘蔗、菠萝、香蕉、银耳等。

秋季养生适宜多摄取的食物有如下几类。

（1）养肺润燥平补的食物。鸭肉、猪肉、猪肺、泥鳅、鹌鹑蛋、牛奶、花生、杏仁、山药、白木耳、百合、冰糖、蜂蜜、无花果、胡萝卜等。

（2）清肺润燥的食物。鸭蛋、白萝卜、菠菜、冬瓜、丝瓜、白菜、蘑菇、紫菜、梨子、柿子、柿饼、罗汉果、橙子、柚子等。

（3）秋燥引起肺气虚时，可多选用百合、薏米、淮山药、蜂蜜等补益肺气；肺阴虚时应多选用核桃、芡实、瘦肉、蛋类、乳类等食物滋养肺阴；如伤及胃阴肝肾阴精时，可用芝麻、雪梨、藕汁及牛奶、海参、猪皮、鸡肉等分别滋养胃阴及肝肾阴精。

（四）冬季饮食要重"补"

冬令进补，是我国传统的防病强身、扶持虚弱的自我保健方法之一。冬季，气候寒冷，阴盛阳衰。人体受寒冷气温的影响，机体的生理功能和食欲等均会发生变化。由于中老年人生理上的变化，在隆冬季节，对于高压低温气候的调节适应能力，远比青年人为差，容易影响体内平衡，产生血管舒缩功能障碍，从而引起种种不适或疾病。因此，在注意生活起居等方面养生的同时，合理地调整饮食，保证人体必需营养素的充足，对提高老人的耐寒能力和免疫功能，使之安全、顺利地越冬，是十分必要的。养生专家给出了如下建议。

冬季饮食应保证能量的供给，冬季气候寒冷，阴盛阳衰。人体受寒冷气温的影响，肌体的生理功能和食欲等均会发生变化。因此，合理地调整饮食，保证人体必需营养素的充足，对于提高老人的耐寒能力和免疫功能，是十分必要的。老年人在冬季进补时，首先要保证热能的供给。冬天的寒冷气候影响人体的内分泌系统，使人体热量散失过多。老年人冬天晨起服人参酒或黄芪酒一小杯，可防风御寒活血。体质虚弱的老年人，冬季常食炖母鸡、精肉、蹄筋，常饮牛奶、豆浆等，可增强体质。将牛肉适量切小块，加黄酒、葱、姜，用砂锅炖烂，食肉喝汤，有益气止渴、强筋壮骨、滋养脾胃之功效。阳气不足的老人，可将羊肉与萝卜同煮，然后去掉萝卜（即用以除去羊肉的膻腥味），加肉苁蓉 15 克、巴戟肉 15 克、枸杞子 15 克同煮，食羊肉饮汤，有兴阳温运之功效。

第二节　科学合理膳食

一、肉的吃法

关于肉的负面报道在最近几年里越来越多，先是食品安全方面出现了口蹄疫、疯牛病、禽流感、吃深海鱼导致汞中毒等事件，接着在营养方面"吃红肉容易得肠癌"的相关报道又出现在各大报刊。营养学家们也总是警告"中国人吃肉太多"。除了猪、牛、羊等红肉中脂肪含量过高外，肉类中还含有嘌呤碱，这类物质在体内的代谢中会生成尿酸。尿酸大量积聚，会破坏肾毛细血管的渗透性，引起痛风、骨发育不良等疾病。最新的研究还表明，过量吃肉会降低机体免疫力，使人体对各种疾病难以抵抗。

　　肉是我们在日常营养中获得蛋白质和能量的重要来源，喜欢吃肉的人当然应该照吃不误。不过，吃的时候也要多了解点和安全有关的知识，尽量减少可能的危害。比如，疯牛病的病原体主要出现在牛的脑部、脊髓、视网膜等神经组织，我们在吃牛的这些部位时，就要格外小心。另外，牛体内一旦感染了疯牛病毒，要消灭极其不易，即使把牛肉煮熟，也无济于事。所以，对于来自疫区或来路不明的牛肉千万别吃。禽流感的病毒就没这么厉害了。它就像感冒病毒一样，主要由飞沫传染，不论是鸡肉或鸡蛋，只要煮得时间长点就可以杀死病毒。所以，吃鸡肉时最重要的一点，就是记得多煮一会儿。吃深海鱼导致汞中毒则主要与海洋污染越来越严重有关，因此，吃鱼时有几个部位是我们应格外注意的，最好别吃。比如鱼鳃、鱼皮和鱼的脂肪，这些都是污染物容易堆积的部位。营养学家们建议，吃肉时应遵循的一条重要原则是：吃畜肉不如吃禽肉，吃禽肉不如吃鱼肉，吃鱼肉不如吃虾肉。畜肉中，猪肉的蛋白质含量最低，脂肪含量最高，即使是"瘦肉"，其中肉眼看不见的隐性脂肪也占28%。因此，某些需要限制脂肪酸摄入量的心血管、高血脂病患者，千万不要以为吃"瘦肉"就是安全的。此外，吃猪肉时最好与豆类食物搭配。因为豆制品中含有大量卵磷脂，可以乳化血浆，使胆固醇与脂肪颗粒变小，悬浮于血浆中，不向血管壁沉积，能防止硬化斑块形成。禽肉是高蛋白低脂肪的食物，特别是鸡肉中赖氨酸的含量比猪肉高13%。鸡肉最有营养的吃法就是熬汤，还能起到医疗效果。可振奋人的精神，消除疲劳感，治疗抑郁症；加速鼻咽部的血液循环，增强支气管的分泌液，有利于清除侵入呼吸道的病毒，缓解感冒症状。而鹅肉和鸭肉不仅总的脂肪含量低，所含脂肪的化学结构与猪肉也不同，更接近橄榄油，主要是不饱和脂肪酸，能起到保护心脏的作用。鱼肉是肉食中最好的一种。它的肉质细嫩，比畜肉、禽肉更易消化吸收，对儿童和老人尤为适宜。此外，鱼肉的脂肪含量低，不饱和脂肪酸占总脂肪量的80%，对防治心血管疾病大有裨益。鱼肉脂肪中还含有一种二十二碳六烯脂肪酸，对活化大脑神经细胞，改善大脑机能，增强记忆力、判断力都极其重要。因此，人们常说吃鱼有健脑的功效。按照合理的饮食标准，每人每天平均需要动物蛋白 44~45 克。这些蛋白除了从肉中摄取外，还可以通过牛奶、蛋类等补充。因此，每天最好吃一次肉菜，而且最好在午餐时吃，肉量以 100 克左右为宜。再在早餐或晚餐时补充点鸡蛋和牛奶，就完全可以满足身体一天对动物蛋白的需要了。

二、鸡蛋的吃法

鸡蛋，是天然食物中富含大量维生素和矿物质及有高生物价值的蛋白质。是人类最好的营养来源之一。总的来说，鸡蛋的功效可以概括为"健脑、延年、益智、保护肝脏以及防治动脉硬化等疾病"，还有就是预防癌症，但在我们日常的鸡蛋吃法中，有 6 大错误的吃法，你知道吗？一是生吃。有些人觉得，食物一经煮熟，就会流失其营养价值，有人认为生吃鸡蛋可以获取比熟鸡蛋更多的营养价值，其实不然，生吃鸡蛋很可能会把鸡蛋中含有的细菌（例如大肠杆菌）吃进肚子去，造成肠胃不适并引起腹泻。并且，值得一说的是，鸡蛋的蛋白含有抗生物素蛋白，需要高温加热破坏，否则会影响食物中生物素的吸收，使身体出现食欲不振、全身无力、肌肉疼痛、皮肤发炎、脱眉等症状。二是隔夜。鸡蛋其实是可以煮熟了之后，隔天再重新加热再吃的。但是，半生熟的鸡蛋，在隔夜了之后吃却不行，因为鸡蛋如果没有完全熟透，在保存不当的情形下容易孳生细菌，如造成肠胃不适、胀气等情形。也有人认为鸡蛋煮越久越好，这也是错误的。因为鸡蛋煮的时间过长，蛋黄中的亚铁离子与蛋白中的硫离子化合生成难溶的硫化亚铁，很难被吸收。三是过量。鸡蛋含有高蛋白，如果食用过多，可导致代谢产物增多，同时也增加肾脏的负担，造成肾脏机能的损伤。所以一般老年人每天吃 1~2 个鸡蛋为宜。中青年人、从事脑力劳动或轻体力劳动者，每天可吃 2 个鸡蛋；从事重体力劳动者，每天可吃 2~3 个鸡蛋；少年儿童由于长身体，代谢快，每天也应吃 2~3 个鸡蛋。孕妇、产妇、乳母、身体虚弱者以及进行大手术后恢复期的病人，需要多增加优良蛋白质，每天可吃 3~4 个鸡蛋，但不宜再多。四是加糖、加豆浆。鸡蛋与糖一起烹饪，二者之间会因高温作用生成一种叫糖基赖氨酸的物质，破坏了鸡蛋中对人体有益的氨基酸成分。值得注意的是，糖基赖氨酸有凝血作用，进入人体后会造成危害，所以应当等蛋制食物冷了之后再加入糖。另外，有很多人喜欢在早餐的时候吃上一个鸡蛋和一个面包，再加上一杯豆浆。其实大豆中含有的胰蛋白酶，与蛋清中的卵白蛋白相结合，会造成营养成分的损失，降低二者的营养价值。五是空腹。空腹过量进食牛奶、豆浆、鸡蛋、肉类等蛋白质含量高的食品，蛋白质将"被迫"转化为热能消耗掉，起不到营养滋补作用。同时，在一个较短的时间内，蛋白质过量积聚在一起，蛋白质分解过程中会产生大量尿素、氨类等有害物质，不利于身体健康。六是煎鸡蛋、茶叶蛋。有很多人喜欢吃煎鸡蛋，特别是边缘煎得金黄的那种，这个时候就要注意啦，因为被烤焦的边缘，鸡蛋清所含的高分子蛋白质会变成低分子氨基酸，这种氨基酸在高温下常可形成致癌的化学物质。茶叶蛋也应少吃，一方面是因为茶叶蛋反复煎煮后，营养已经被破坏，另一方面就是在这个过程中茶叶中含酸化物质，与鸡蛋中的铁元素结合，对胃有刺激作用，影响胃肠的消化功能。看来，吃一个小小的鸡蛋所要注意的还真多，但是这都是些值得注意的事项。只要我们平时在吃的时候注意一点，就能够很好地吸收鸡蛋中有益的营养成分。

三、科学饮水

水是人类每天必不可少的营养物质。有试验证明，一个人只喝水不吃饭仍能存活几十天，但如果 3 天不喝水人就无法生存，可见水对人体健康十分重要。健康成年人每天约需 2 500 毫升水，因此要保持健康就必须注意每天摄入充足的水分。同时，喝水必须注意讲究科学，讲究卫生。一是不喝污染的生水，人类80%的传染病与水或水源污染有关。伤寒、霍乱、痢疾、传染性肝炎等疾病都可通过饮用污染的水引起。污染的水还可以引起寄生虫病的传播和地方性疾病等。因此，饮水要符合卫生要求。不要喝生水，要喝煮沸的开水。二是喝水要掌握适宜的硬度，水的硬度是指溶解在水中盐类含量，水中钙盐、镁盐含量多，则水的硬度大，反之则硬度小。水质过硬影响胃肠道消化吸收功能，发生胃肠功能紊乱，引起消化不良和腹泻。我国规定水总硬度不超过25度。建议一般饮用水的适宜硬度为10~20度。处理硬水最好的办法是煮沸，经煮沸后均能达到适宜的硬度。三是喝水要有节制、夏季气温高，人们多汗易渴。但一次喝水要适量，不要喝大量的水。即便是口渴的厉害，一次也不能喝太多水。这是因为喝进的水被吸收进入血液后，血容量会增加，大量的水进入血液循环就会加重心脏负担。要注意适当地分几次喝。四是喝水要适时适量，清晨起床后喝一杯水有疏通肠胃之功效，并能降低血液浓度，起到预防血栓形成的作用。剧烈运动或劳动出大汗后不宜立即喝大量水。进餐后消化液正在消化食物，此时如喝进大量水就会冲淡胃液、胃酸而影响消化功能。

四、科学喝奶

每年5月的第三个星期三，是"国际牛奶日"。随着人们养生意识的不断提高，牛奶已经越来越成为人们日常生活中不可或缺的健康"必需品"。在饮用时不要空腹喝牛奶。空腹喝牛奶会使肠蠕动增加。喝牛奶前先吃些淀粉类的食物或与馒头、面包等同食。牛奶不宜久煮。牛奶在煮沸后如果再继续加热，奶中的乳糖开始焦化，并逐渐分解为乳酸和少量的甲酸，维生素也被破坏，所以热奶以刚沸为度，不宜久煮。牛奶不宜过多冷饮。冷牛奶会增加肠胃蠕动，引起轻度腹泻，特别是患有溃疡病、结肠炎及其他肠胃病患者不宜过多饮冷牛奶。牛奶不宜与含鞣酸的食物同吃，如浓茶、柿子等。因为这些食物的鞣酸易与牛奶中的钙反应结块成团，影响消化。喝奶以每天早晚为宜。

五、什么时候吃水果最健康

水果有助于健康，"每天一个水果"是很多人的健康饮食的标准。但吃水果也应该讲究时间。早上最宜苹果、梨、葡萄。早上吃水果，可帮助消化吸收，有利通便，而且水果的酸甜滋味，可让人一天都感觉神清气爽。人的胃肠经过一夜的休息之后，功能尚在激活中，消化功能不强。餐前别吃圣女果、橘子、山楂、香蕉、柿子。有一些水果是不可以空腹吃的，如圣女果空腹吃，就会与胃酸相结合而使胃内压力升高引起胀痛。山楂味酸，空腹食之会胃痛。饭后应选菠萝、木瓜、猕猴桃、橘子、山楂，能增加消化酶活性，促进脂肪分解，帮助消化。夜宵安神吃桂圆。夜宵吃水果既不利于消化，又因为水果含糖过多，容易造成热量过剩，导致肥胖。但如果睡眠不好，可以吃几颗桂圆，它有安神助眠的作用，能让你睡得更香。

第三节　预防职业病

广义地说，职业病是指在某个职业范围内的有害因素作用于劳动者而引起的特定疾病。也就是说，人们在劳动中，当与职业有关的有害因素作用于人体的强度与时间超过了机体的代偿能力时，就可造成机体功能性或器质性的变化，并且出现相应的临床症状，影响劳动生产力。由于某些职业病目前尚缺乏有效的治疗措施，因此，必须加强预防，降低职业病的发生率。

一、职业病的特点

职业病不同于一般的疾病，与从事的工种或职业范围有关，其特点有如下方面。

（1）职业病的发病原因明确，控制了发病因素后可能会减少或消除发病。

（2）职业病的病因能通过检验分析测出，并不是每次每人接触发病因素后都发病，只有长期接触使有害因素在体内蓄积达到一定量时才会发病。

（3）发病时很少见于单个的病人，在某一环境中会出现一定比例的发病人群。

（4）对职业病如能早期发现，及时合理治疗，改善工作环境，预后常较好。

（5）由于多数职业病尚无特殊疗法，防治职业性疾病，关键在于普及医学卫生常识与职业病的有关知识，预防为主。

二、职业中毒的表现

职业中毒指在相应职业的劳动生产过程中发生的中毒。根据中毒程度不同分为急性中毒、亚急性中毒、慢性中毒。急性中毒指毒物一次大量进入人体引起的中毒。慢性中毒是毒物小剂量长期进入人体所致。亚急性中毒指在 3~6 个月的短时间内有大量毒物进入人体引起的中毒。职业中毒主要表现在如下方面。

（1）神经系统。逐渐出现头晕、头昏、头痛、失眠、记忆力减退，或出现哭笑无常、易发怒、烦躁，甚至痴呆等精神症状，也可有四肢末端痛觉减退或痛觉过敏、视神经炎，或肢体震颤、抽搐、昏迷等。

（2）呼吸系统。表现为鼻炎、鼻前庭炎、咽炎、喉炎、气管炎、支气管炎，或胸痛、咳痰、咳血、发烧，也可出现明显呼吸困难、嘴唇发绀、咳大量粉红色泡沫痰等。

（3）血液系统。可出现出血、贫血、溶血，小便呈酱油颜色。

（4）消化系统。可出现恶心、呕吐、腹痛、腹泻等。

（5）循环系统。有心慌、气促、胸闷，心电图出现异常。

（6）泌尿系统。出现尿频、尿急、尿痛，甚至血尿。

（7）皮肤改变。可出现皮肤红斑、水肿、丘疹、水疱、溃疡或角化、皲裂等，皮肤也可出现烧伤、剧痛。

（8）眼部改变。眼睛怕光、流泪、眼结合膜充血、水肿、溃疡等。

此外，职业中毒还可引起骨骼畸形改变、骨骼坏死等。

三、预防职业中毒

预防职业中毒的措施有如下几种。

（1）革新劳动工具，改善劳动条件。劳动环境要通风，对有毒的物品不要直接用身体接触等。

（2）加强个人防护。凡参加接触有毒物质的劳动时应穿好防护衣，戴好手套、口鼻罩，穿好长靴，劳动结束后立即脱掉，洗净双手及可能污染的身体其他部位。

（3）加强卫生宣传，做好卫生保健。劳动者对所从事劳动的危险性要有初步的了解，劳动过程中随时加强自我防护，经常到医疗卫生部门检查身体，平时生活要加强营养，饮食中要富含蛋白质，增强机体抗病能力。

四、职业中毒的救治原则

职业中毒的救治原则是远离中毒现场，防止毒物继续进入体内，促进毒物从体内排泄，这是病因治疗；其次是缓解中毒所致的临床症状，促进身体恢复，这是对症治疗；再就是加强支持治疗，提高中毒者的抗病能力，早日康复身体。

急性职业中毒时，应做好如下方面。

（1）现场抢救。尽快将患者移至空气新鲜处，脱去患者被污染的衣服，用温水或肥皂水洗净皮肤，如有呼吸心跳停止者应立即实施口对口人工呼吸及心脏胸外按压。

（2）防止毒物继续吸收。患者送医院后，对现场皮肤清洗不彻底的患者应重复冲洗，如是口服中毒，应及早催吐、洗胃、导泻。

（3）加速机体毒物的排出与中和。可以大量输液排尿、透析治疗、使用特效解毒剂等。如金属中毒可用二硫基丙醇，中毒性高铁血红蛋白血症可使用美兰或维生素 C，氰化物中毒可给予亚硝酸钠，有机磷农药中毒用阿托品与解磷定等。

慢性职业中毒时，患者暂时不必参与接触毒品的劳动，适当休息或调换工种，加强营养，有症状时相应对症治疗，促进身体康复。

五、常见与劳动有关的职业病

1987 年我国规定的 99 种职业病，主要指从事工业生产、农业生产的人员发生的职业病。单纯从农业生产而言，可以发生由化学因素、物理因素、生物因素引起的职业病，如农药中毒、尘肺、中暑、振动病、皮炎、炭疽、森林脑炎、布鲁氏菌病等。

第四节　保护美化环境，净化生活空间

"幸福生活不只在于丰衣足食，也在于碧水蓝天"，它形象地道出了优美的环境在人们现实生活中的重要地位。

一、保护环境很重要

在部分农村地区，环境问题没有引起足够重视，已经成为影响人们生产生活的突出问题：一是人们环保意识淡薄，大家口袋鼓了，房子宽了，但污水随意倒，垃圾随地丢，"室内现代化，室外脏乱差"；二是饮用水源污染越来越严重，"70 年代淘米洗菜，80 年代洗衣灌溉，90 年代垃圾覆盖，21 世纪喝了就变坏"是部分农村饮用水质量下降的真实写照；三是超标大量使用高毒、剧毒农药和化肥，造成土壤板结，耕土质量也下降，农药瓶、化肥袋、塑料薄膜、塑料袋等到处乱扔，给农业可持续发展和粮食安全带来很大的危害。因此，改变我们的生产生活方式，加强农村环境保护，是不容回避的现实问题。

环境保护不仅关系经济社会的可持续发展，更是改善民生、提高生活质量的必然要求；不仅是造福当代百姓，更是荫及子孙后代的长远大计。正因为如此，我国把"保护环境，减轻环境污染，遏制生态恶化"作为一项基本国策。

我国环境保护坚持"预防为主、防治结合、综合治理，谁污染谁治理、谁开发谁保护，依靠群众"等原则。在新的发展阶段，必须高度重视环境保护工作，打好环境保护的攻坚战和持久战，促进经济社会健康协调发展。党的十七届五中全会明确提出了加快转变经济发展方式的新要求，这就迫切需要我们进一步树立环保意识，改变生产生活方式，大力发展生态农业和绿色经济，以环境保护优化农村经济发展，让山更青，水更绿，天更蓝，环境更静。

二、环境污染担责任

（1）造成环境污染，有下列行为之一的，由有关主管部门根据不同情节，给予警告或者处以罚款。

①拒绝环境保护行政主管部门或者其他依照法律规定行使环境监督管理权的部门现场检查或者在被检查时弄虚作假的。

②拒报或者谎报国务院环境保护行政主管部门规定的有关污染物排放申报事项的。

③不按国家规定缴纳超标准排污费的。

④引进不符合我国环境保护规定要求的技术和设备的。

⑤将产生严重污染的生产设备转移给没有污染防治能力的单位使用的。

（2）建设项目的防治污染设施没有建成或者没有达到国家规定的要求，投入生产或者使用的，由有关主管部门责令停止生产或者使用，可以并处罚款。

（3）未经环境保护行政主管部门同意，擅自拆除或者闲置防治污染的设施，污染物排放超过规定的排放标准的，由主管部门责令重新安装使用，并处罚款。

（4）造成环境污染事故的企事业单位，由主管部门根据所造成的危害后果处以罚款；情节较重的，对有关责任人员由其所在单位或者政府主管机关给予行政处分。

（5）对经限期治理逾期未完成治理任务的企事业单位，除依照国家规定加收超标准排污费外，可以根据所造成的危害后果处以罚款，或者责令停业、关闭。

（6）造成环境污染危害的，有责任排除危害，对直接受到损害的单位或者个人赔偿损失。

（7）因环境污染侵害他人造成人身损害的，应当赔偿医疗费、护理费、交通费等为治疗和康复支出的合理费用，以及因误工减少的收入。造成残疾的，还应当赔偿残疾生活辅助器具费和残疾赔偿金。造成死亡的，还应当赔偿丧葬费和死亡赔偿金。

（8）造成重大环境污染事故，导致公私财产重大损失或者人身伤亡的严重后果的，对直接责任人员依法追究刑事责任。造成土地、森林、草原、水、矿产、渔业、野生动植物等资源的破坏的，依照有关法律的规定承担法律责任。

例如，某县村民何某等4人，从某工厂购回3.32吨装白砒灰的塑料编织袋，并转卖给村民秦某，秦某随即请来帮工在屋前的小河中漂洗袋子，袋子中的白砒灰随之进入水中，造成小河底泥砷含量严重超标，村民饮用这条小河的水后造成不同程度砷中毒。当地村民依法向公安机关举报上述违法行为，要求追究何某、秦某等4人的法律责任。后来司法机关以严重破坏环境资源与生态环境，导致严重环境污染，造成人身伤亡的严重后果为由，依法判处何某、秦某等4人的刑事责任。

三、环境维权渠道多

当环境违法行为造成财产损失或人身损害时，可通过以下6种途径维权。

（1）向当地政府或环保部门举报，通过行政处理方式维权。

（2）直接申请行政执法，终止环境违法行为，并要求得到补偿。

（3）向人民法院提起环境侵权诉讼，要求终止侵权行为并赔偿损失。

（4）对当地环保部门的不作为行为，通过行政诉讼来要求作为。

（5）环境违法构成犯罪的，向公、检、法等司法举报机关举报，依法追究刑事责任。

（6）通过新闻媒体曝光，发挥舆论监督作用。

参考文献

杜遥，王秋芬，张文林 . 2016. 新型职业农民创业指导手册 [M]. 北京：中国农业科学技术出版社.

全国农业技术推广服务中心 . 2018. 新型职业农民实用技术读本 [M]. 北京：中国农业出版社.

沈琼，夏林艳 . 2019. 新型职业农民培训读本 [M]. 北京：中国农业出版社.

张长新，张学勇 . 2018. 新型职业农民学习读本 [M]. 北京：中国农业出版社.

中央农业广播电视学校 . 2018. 新型职业农民手册 [M]. 北京：中国农业出版社.